U0149946

制冷空调装置的自动控制技术研究

李高建　张德迪　著

中国纺织出版社有限公司

内容提要

本书主要内容包括：制冷空调装置自动控制理论基础、制冷空调装置自动控制系统常规控制器、制冷空调装置自动控制系统常规执行器、制冷空调装置自动控制系统常规传感器、制冷空调装置基本控制电路、压缩式制冷机的自动控制、吸收式制冷机组的自动控制、典型制冷空调装置的自动控制等。本书可供高等院校制冷与空调专业的学生阅读和参考使用，也可以作为从事空调系统工程专业人员以及空调维修的工程技术人员的参考书。

图书在版编目（CIP）数据

制冷空调装置的自动控制技术研究／李高建，张德迪著．--北京：中国纺织出版社有限公司，2020.11（2024.7重印）
ISBN 978－7－5180－6912－5

Ⅰ．①制…　Ⅱ．①李…②张…　Ⅲ．①制冷装置－空气调节器－自动控制－研究　Ⅳ．①TB657.2

中国版本图书馆CIP数据核字（2019）第237368号

责任编辑：朱利锋　责任校对：寇晨晨　责任印制：王艳丽

中国纺织出版社有限公司出版发行
地址：北京市朝阳区百子湾东里A407号楼　邮政编码：100124
销售电话：010—67004422　传真：010—87155801
http://www.c-textilep.com
中国纺织出版社天猫旗舰店
官方微博http://weibo.com/2119887771
北京虎彩文化传播有限公司印刷　各地新华书店经销
2024年7月第3次印刷
开本：787×1092　1/16　印张：15.75
字数：338千字　定价：55.00元

前　言

　　随着人民生活水平的提高以及生产技术的进步，制冷空调装置得到了广泛应用。作为机电一体化的典范，制冷空调装置集设备、工艺和自动控制于一身。自动控制技术对保证制冷空调装置的正常运行起着举足轻重的作用。在能源日趋紧缺的当今社会中，作为能耗大户的制冷空调装置，使用有效的自动控制系统是实现环境舒适、满足生产工艺要求、节约能源的有效途径。因此，空调专业人员不但要熟悉空调的基本原理和工艺过程，更要了解和掌握其自动控制理论和技术。

　　本书将制冷空调装置自动控制的内容合理地分为8章，分别讲述了制冷空调装置自动控制理论基础、制冷空调装置自动控制系统常规控制器、制冷空调装置自动控制系统常规执行器、制冷空调装置自动控制系统常规传感器、制冷空调装置基本控制电路、压缩式制冷机的自动控制、吸收式制冷机组的自动控制、典型制冷空调装置的自动控制。

　　本书可供高等院校制冷与空调专业的学生阅读和参考使用，也可以作为从事空调系统工程专业人员以及空调维修的工程技术人员的参考书。

　　本书由淄博职业学院李高建、张德迪共同编写。

　　限于编者水平，本书在编写过程中难免有疏漏，恳请读者批评指正。

著者

2020年8月

前　言

目录

第一章　制冷空调装置自动控制理论基础

随着现代科学技术的迅猛发展，计算机技术在各个领域得到广泛应用，自动化技术也出现了崭新的飞跃。制冷与空调装置作为人们生活及社会生产应用极为广泛的设备，要保证其正常运行，实现自动控制，基础是经典自动控制理论。

本章主要介绍自动控制系统的组成、品质指标、自动控制系统构成环节的特性以及自动控制系统的方案确定与运行调节。

第一节　自动控制系统的组成及品质指标

制冷与空调装置自动控制就是在制冷空调系统中利用自动控制规律，设置相应的传感器、控制器、执行机构、调节阀等自动控制元件，组成自动控制系统，对被控制的机器与设备或空间实行自动调节和自动控制。

一、自动控制系统的组成及方框图

在制冷空调系统中，为了保证整个系统正常运行，并达到要求的指标，有许多热工参数需要进行控制，如温度、湿度、压力、流量和液位等热工参数，都是一般热工自动控制技术上经常遇到的被控参数。为了达到自动调节被控参数的目的，必须把具有不同功能的环节组成一个有机的整体，即自动控制系统。自动控制系统由自动控制设备和控制对象组成，也就是由传感器、控制器、执行器和控制对象所组成的闭环控制系统。

所谓控制对象是指需要控制的机器、设备或生产过程。被控参数是指所需控制和调节的物理量或状态参数，即控制对象的输出信号，如房间温度。传感器是把被控参数成比例地转变为其他物理量信号（如电阻、电流、气压、位移等）的元件或仪表，如热电阻、热电偶等。控制器是指将传感器送来的信号与给定值进行比较，根据比较结果的偏差大小，按照预定的控制规律输出控制信号的元件或仪表。执行器由执行机构和调节机构组成。调节机构如控制调节阀、控制调节风门、变频风机水泵等，它根据控制器输出的控制信号改变调节机构的调节量，对控制对象施加控制作用，使被控参数保持在给定值。

图 1-1 是一个室温自动控制系统，空气加热器置于送风管道内，它所加入的热量必须时时与通过房间围护结构的散热量相平衡，才能满足室温 θ_a 恒定的要求。为了达到这个目的，可以通过室温自动控制系统来完成。这个系统是由房间内的温度传感器 1、温度控制器 3、供水管上安装的电动二通阀 4 组成。

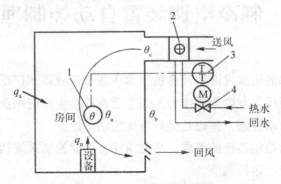

图 1-1　室温自动控制系统

1—温度传感器　2—空气加热器　3—温度控制器　4—电动二通阀

q_a—外侵热量　q_n—设备散热量　θ_a—室内温度　θ_b—室外温度　θ_c—送风温度

为了研究自动控制系统组成环节间的相互影响和信号联系，通常用自动控制系统方框图来表示自动控制系统。图 1-2 为图 1-1 所示的室温自动控制系统的方框图。控制系统中的每一个组成环节在此图上用一个方框来表示，每个方框都有一个输入信号和一个输出信号。方框间的连线和箭头表示环节间的信号联系与信号传递方向，信号可以分叉与交汇。在自动控制系统中，除给定值变化外，凡是引起被控参数发生变化而偏离给定值的外因均称为干扰作用，如上例中的室外空气温度。干扰作用通过干扰通道影响被控参数，而控制作用通过控制通道影响被控参数。

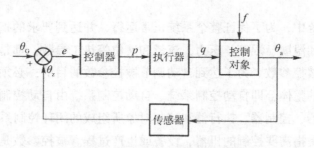

图 1-2　室温自动控制系统方框图

从图 1-2 可看出，系统中信号沿箭头方向前进，最后又回到原来的起点，形成一个闭合回路，这种系统叫闭环系统。在闭环系统中，系统的输出信号为被控参数 θ_a，它通过传感器再返回到系统的输入端。与给定值 θ_G 比较，这种将系统的输出信号引回到输入端的过程叫反馈。被测输出信号减弱输入信号的反馈称为负反馈，反之称正反馈。负反馈控制具有自动修正被控参数偏离给定值的能力，控制精度高，适应面广，是基本的控制系统。

负反馈控制系统的工作原理是：当干扰作用 f 发生后，被控参数 θ_a 偏离给定值，这种变化被传感器测出 θ_z 并送到控制器的比较环节与给定值 θ_G 比较，得出偏差 $e=\theta_G-\theta_z$，偏差 e 输入控制器中，经过控制器加工运算，输出一个和偏差 e 成一定关系的控制量 p，去调节执行机构，改变输入控制对象中的能量 q，克服干扰造成的影响，使被控参数又趋于给定值。可见，负反馈控制的实质是以偏差克服偏差的控制过程。自动控制系统的基本功能是信号的测量、变送、比较和处理。

二、自动控制系统的分类

自动控制系统的分类方法有多种。

1. 按给定值的给定变化规律分

（1）定值控制系统。是指被控参数的给定值在控制过程中恒定不变的系统，即给定值 $\theta_G=$ 常数，这种系统在制冷空调中应用最为普遍。

（2）程序控制系统。是指被控参数的给定值按照某一事先确定好的规律变化的系统，即给定值 $\theta_G=f(t)$ 为时间 t 的函数，如环境实验室中的设定温度。

（3）随动控制系统。是指被控参数的给定值事先不能确定，取决于本系统以外的某一进行过程中的系统，即给定值 $\theta_G=f(\theta_z)$ 为随机量 θ_r 的函数。

2. 按控制动作与时间的关系来分

（1）连续控制系统。是指所有的参数都是随时间连续变化，并且调节过程也是连续的系统。

（2）断续控制系统。是指有一个以上的参数是开关量的系统。如电磁阀控制蒸发器供液，要么开，要么关，不会停在中间某一位置。

3. 其他分类方法

如按控制器使用的能源种类分为气动控制系统、液动控制系统、电动控制系统；按控制器的控制规律分为双位、比例（P）、比例积分（PI）、比例微分（PD）、比例积分微分（PID）控制系统等。

三、自动控制系统的品质指标

在讨论自动控制系统的品质指标前，首先了解几个相关概念。自动化领域内，把被控参数不随时间变化的平衡状态称为系统的静态，把被控参数随时间变化的不平衡状态称为系统的动态。处于静态的各参数（或信号）其变化率为零，即参数保持常数不变。实际工程中总存在一些破坏系统平衡状态的干扰作用，干扰作用的大小一般是随时间而变化的，它的变化并没有固定的形式与规律，在分析与设计自动控制系统时，为了分析方便，常以阶跃干扰作为典型干扰作用来讨论。如图 1-3 所示，阶跃干扰在 t_0 时刻突然作用于系统中，干扰一旦加上后，扰动量不随时间而变化，也不再消失。干扰作用总是会不断地产生，自动化装置也就不断地施加控制作用去克服干扰的影响，可见自动控制系统总是一直处于动态之中。因此，研究自动控制系统的重点就是要研究系统的动态。

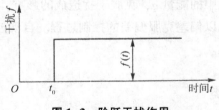

图1-3　阶跃干扰作用

1. 自动控制系统的过渡过程

对于任何一个处于平衡状态的自动控制系统，它的被控参数总是稳定不变的。但当系统受到干扰作用后，被控参数就要偏离给定值而产生偏差，控制器等自动控制设备将根据偏差变化状况，施加控制作用以克服干扰的影响，使被控参数又回到给定值上，系统达到新的平衡状态。这种自动控制系统在干扰和控制的共同作用下，从一个稳定状态变化到另一个稳定状态期间被控参数随时间的变化过程称为自动控制系统的过渡过程。自动控制系统过渡过程也就是系统的动态特性，它包括静态和动态。研究过渡过程的目的是为了研究控制系统的质量。

定值控制系统受到阶跃干扰后，过渡过程的基本形式有四种，如图1-4所示。图1-4（a）所示曲线是发散振荡过程，被控参数变化幅度越来越大，是一种不稳定的过程，在控制系统中应当避免。图1-4（b）所示曲线是等幅振荡过程，在连续控制系统中这是不稳定的过程，但在双位控制系统中只要被控参数幅值和波动频率在工艺允许的范围内，是可以采用的。图1-4（c）所示曲线是一衰减振荡过程，被控参数经过一段时间振荡后能很快地趋向于新的平衡状态，是一种比较理想的过渡过程。图1-4（d）所示曲线是单调衰减过程，这种过程是稳定的、允许的，但由于反应迟钝、控制品质差，是一种很不理想的过渡过程。

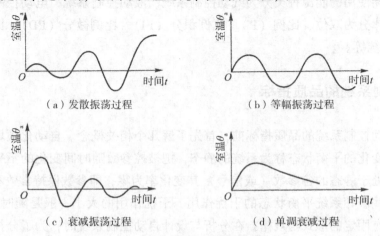

（a）发散振荡过程　　　　　　　　（b）等幅振荡过程

（c）衰减振荡过程　　　　　　　　（d）单调衰减过程

图1-4　过渡过程的基本形式

2. 自动控制系统的品质指标

（1）衰减比 n。衰减比是表示衰减程度的指标，如图1-5所示，其值为前后两个波峰值之比，即 $n = M_p/M'_p$。当 $n<1$ 时，系统为发散振荡，不稳定；当 $n=1$ 时，系统为等幅振荡，也不稳定；当 $n>1$ 时，系统为衰减振荡，是稳定过程。n 太小，系统不容易稳定下来；n 太大，系统不灵敏，一般 $n=4\sim10$ 时系统较为理想。

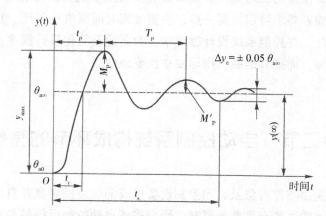

图1-5　自动控制系统受到阶跃干扰后衰减振荡过程质量指标

（2）动态偏差 M_p。又称最大超调量。被控参数在过渡过程中，第一个最大峰值超出新稳态 $\theta_{a\infty}$ 的量，称为最大超调量 M_p，常称动态偏差。设计控制系统时，必须对此作出限制性规定，M_p 大，则质量差。

（3）最大偏差 y_{max}。被调量偏离给定值的最大量称为最大偏差。对于衰减振荡过程，最大偏差是第一个波峰值，如图1-5中的 y_{max}。最大偏差越大，控制系统过渡过程品质指标越差。

（4）静态偏差 $y(\infty)$。又称余差，它是被控参数新的稳态值 $\theta_{a\infty}$ 与给定值 θ_{a0} 之差，如图1-5中的 $y(\infty) = \theta_{a\infty} - \theta_{a0}$。若 $y(\infty) = 0$，表示控制系统受到干扰作用后，能回到原来的给定值，这种系统为无差系统；若 $y(\infty) > 0$，则为有差系统。

静态偏差是表征控制精度的一个重要指标，因此要根据需要和可能慎重取值。一般舒适性空调系统允许有一定的静态偏差。如某空调系统，冬季温度设计值为23℃±2℃，则该系统的给定值为23℃，要求静态偏差 $y(\infty) \leq 2℃$。制冷系统对静态偏差的要求一般较高，如某冷库温度设计为-17℃±1℃，即静态偏差 $y(\infty) \leq 1℃$。

（5）控制时间 t_s。控制时间 t_s 是指系统受到干扰作用，被控参数从开始波动过渡到新稳态值上下的2%（或5%，范围内而不再超出时所需要的时间。令这一范围为 $\Delta y_\varepsilon \leq 2\% y(\infty)$。对于有差控制系统，$\Delta y_\varepsilon \leq 5\% y(\infty)$；对于无差控制系统，一般取 $\Delta y_\varepsilon \leq 2\% y(\infty)$ 或更小。

（6）振荡周期 T_p。过渡过程中从第一个波峰到第二个波峰之间的时间。

上述六个品质指标中只有静态偏差 $y(\infty)$ 表示系统的静态指标，其他均为动态指标。这六个指标反映控制系统三个方面的性能：衰减比、动态偏差和最大偏差是反映系统稳定性的指标；静态偏差是反映系统精密性的指标；控制时间和振荡周期是反映系统快速性的指标。各种不同用途的控制系统，除了系统都要求稳定外，对控制过程的其他质量指标要求各有不同，一般控制系统都希望 M_p、$y(\infty)$ 及 t_s 值小些好。

制冷空调对象属慢速热工对象，有些参数（如温度）的控制目的是为了改善工作和生活条件，故对动态偏差要求可以放宽一些，控制过程时间要求也不严，往往只对静态偏差提出严格要求。因此，在控制系统设计过程中，为方便及简化设计程序，常常突出稳定性和静态偏差两个指标，而把其他品质指标放在次要地位。

第二节　自动控制系统构成环节的特性

自动控制系统是由被控对象及自动控制设备组成的。被控对象及自动控制设备特性的优劣对自动控制系统的品质有重要的影响。研究构成自动控制系统的各环节特性，探讨各环节特性与系统控制品质之间的关系，有利于正确设计控制系统方案。

一、被控对象的特性

任何一个被控对象，都能贮存一定的能量或工质。被控对象贮存能量或工质的能力（或被控对象的蓄存量）称为被控对象的容量。例如，空调室的热量 $Q = \sum_{i=1}^{n} m_i c_i \theta$，式中 θ 为室内温度；m_i、c_i 分别为空调室壁及各部分设备的质量和比热容，则被控对象的容量为 Q。显然，被控参数（温度）升高，则容量增大。因此容量是一个随着工况变化的参数。

容量系数表示被控参数变化一个单位值时，被控对象容量的改变量，也就是容量对被控参数的一阶导数。如上例，对空调室而言，其容量系数为：

$$C = \frac{dQ}{d\theta} = \frac{\sum_{i=1}^{n} m_i c_i d\theta}{d\theta} = \sum_{i=1}^{n} m_i c_i$$

显然，房间中物品设备的质量越大，比热容越大，其容量系数也越大，其值不随工况而变化。容量系数 C 大的对象，在同样的被控参数变动幅度下，对象贮存起来的工质或能量也大。因此，容量系数 C 大的对象具有较大的贮蓄能力或称有较大的惯性。

容量系数 C 较大的对象，受干扰作用后，被控参数的反应比较缓慢，较不灵敏。如同十个人走进一小房间，房间内温升大，而走进一个大房间，房间内温升小是一样的道理。一般地说，容量系数大的对象，其控制性也较好。

制冷空调中的被控对象大多都可当作热工对象，它的特性常用对象响应曲线来描述。所谓对象响应曲线也称飞升曲线，是指在没有控制器的情况下对象受到阶跃干扰后，被控参数随时间变化的曲线，它反映了被控对象的动态特性。控制对象常见的响应曲线形式如图1-6所示。

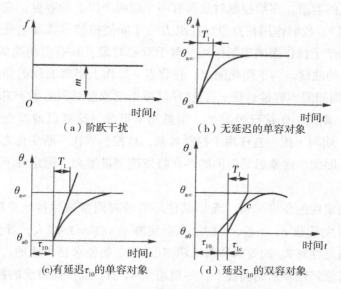

（a）阶跃干扰　　　　　　（b）无延迟的单容对象

(c)有延迟τ_{10}的单容对象　　　（d）延迟τ_{10}的双容对象

图1-6　控制对象常见的响应曲线形式

在响应曲线上可以获得三个描述对象特性的参数：

（1）放大系数K_1。

$$K_1 = \frac{\theta_{a\infty} - \theta_{a0}}{m} \tag{1-1}$$

式中：θ_{a0}——原稳态值（图1-6）；

　　　$\theta_{a\infty}$——新稳态值（图1-6）；

　　　m——干扰输入量。

干扰输入量即单位干扰引起的被控参数的变化量，它表示对象自平衡能力的大小。所谓自平衡能力就是在没有控制器的情况下，对象受到干扰后也能够稳定下来的性能。放大系数越大，自平衡能力越小，抗干扰能力越差。

（2）时间常数T_1。从响应曲线的起始点作切线与新稳态值$\theta_{a\infty}$交点的时间间隔称时间常数T_1，它表示热工对象惯性的大小，即表示对象受到干扰后从一个稳定状态到另一个稳定状态过渡过程的快与慢。一般来说，对象时间常数T_1越大，被控参数变化越缓慢，控制过程时间越长，但系统平稳；对象时间常数T_1越小，被控参数变化越快，控制过程时间越短，但容易引起系统振荡和超调，所以时间常数适当大些，可调性能较好。

（3）迟延时间τ_1。在实际生产过程中，不少控制对象在受到干扰作用或控制作用后，被控参数并不立即变化，而是延迟一段时间才发生变化，这段延迟时间称为控制对象的迟延时间。迟延时间分为传递迟延 τ_{10} 与容量迟延 τ_1。传递迟延是由于调节机构到控制对象、控制对象到传感器之间存在距离，能量或物料量发生输入变化时不能立即充满空间，需要一定的传递时间 τ_{10}。任何一个控制对象都能贮存一定的能量或物料，对象贮存能量或物料的能力称为对象的容量。多数控制对象具有两个或两个以上的容量，在容量之间总是存在着阻力（如热阻），控制作用在克服这些阻力后才能使被控参数发生变化，因此被控参数的变化总是迟延于干扰作用或控制作用。对于双容对象，其响应曲线如图 1-6（d）所示，是带有拐点 c 的曲线。为了简化问题，在拐点 c 处作上半部曲线的切线，与时间轴的交点和 τ_{10} 点的时间间隔称容量迟延 τ_{1c}，这样就可以把双容对象看做有总迟延 $\tau_1 = \tau_{10} + \tau_{1c}$ 的单容对象。在 τ_1 期间，干扰已经发生，偏差还未形成，这对以偏差克服偏差的负反馈控制系统来说，τ_1 期间干扰一直作用于控制对象，被控参数在不断变化之中，而控制器并不产生控制作用。因此，对象迟延时间的存在将使超调量增大，稳定性下降，控制时间加长，控制质量变坏。

从提高系统稳定性的角度来看，希望其他环节的时间常数尽量比对象的时间常数 T_1 小，同时也希望放大系数 K_1 小些。但 K_1 小会使静差 y（∞）增大，导致系统精密度降低。可见，系统稳定性对 K_1 的要求和系统精密度对 K_1 的要求是矛盾的。解决此矛盾的原则是：在满足系统稳定性要求的前提下，尽量增大 K_1 值，以提高系统的控制精度。

二、自动控制设备的特性

如上节所述，自动控制设备是由传感器、控制器和执行器组成的。系统的控制质量不仅与被调对象的特性有关，而且与自动控制设备，即构成控制系统的传感器、控制器和执行器的特性有关。

1. 传感器的特性及其对系统控制质量的影响

在制冷与空调系统中，常用的传感器有温度、压力及湿度等几种传感器。这些传感器一般可以看做单容对象，其性能可以用与图 1-6 相似的响应曲线来描述，其时间常数用 T_2 表示，表征传感器热惯性的大小。根据 T_2 的大小，对于铂电阻一类的温度传感器，热电阻可分为大惯性的 $T_2 = 1.5 \sim 4.0 \text{min}$，中惯性的 $T_2 = 10\text{s} \sim 1.5\text{min}$，小惯性的 $T_2 \leqslant 10\text{s}$。选择传感器时，如要及时反应被控参数的变化，必须选用小惯性的传感器。

2. 控制器的特性

控制器决定了自动控制系统的控制规律，并在很大程度上决定了自动控制系统的控制质量，因此控制器是自动控制系统的核心。控制器的输出信号 p 是控制作用，输入信号是测量值与给定值的偏差 $e = \theta_G - \theta_z$。控制器的特性即控制器的输出 p 与输入 e 的函数关系 $p = f(e)$，即所谓控制器的控制规律。

依照控制器的控制规律，控制器可分为双位、比例（P）、比例积分（PI）、比例微分

（PD）、比例积分微分（PID）等。一般的制冷空调系统控制精度要求不高，被控参数允许在一定范围内变化。采用结构简单、价格低廉的双位控制器和比例控制器就能满足要求。只有在控制精度要求较高的制冷空调系统中，才采用 PI 或 PID 控制器。

（1）双位控制器。

①双位控制规律。双位控制是最简单的一种控制方式，当控制器的输入信号发生变化后，控制器的输出信号只能有两个值，即最大输出信号和最小输出信号，因此称为双位控制。

在制冷和空调系统中，很多热工参数如温度、湿度、压力和液位等，都广泛地使用双位控制。

图 1-7 所示的冷库温度控制系统就是一个双位控制系统。库温要求控制在 -18℃ ± 1℃。控制器将传感器感受到的被控参数（温度）值与给定值进行比较，然后将比较的结果发送给执行元件——电磁阀，指令电磁阀动作。当库温升高到上限（-17℃）时，控制器输出触点闭合，指令电磁阀开启，向蒸发器供液；当库温下降到下限（-19℃）时，控制器输出触点断开，指令电磁阀关闭，停止向蒸发器供液；当库温重新回升到上限时，电磁阀又重新开启。可见，双位控制器的执行机构只有开和关两种状态。只有被控参数达到上限或下限时，控制器才动作，控制执行机构全开或全关。被控参数处于差动范围之内时，控制器的输出触点保持原有状态。

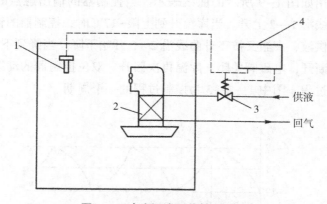

图 1-7 冷库温度双位控制系统
1—铂热电阻 2—冷风机 3—电磁阀 4—控制器

②双位控制器的静态特性。双位控制器的动作规律可用如图 1-8 所示的静态特性曲线来描述。被控参数（温度 θ）从 -19℃ 增加到上限 -17℃ 时，输出信号由 a 点（全关）突跳到 b 点（全开）；被控参数下降到下限时，输出信号由 c 点（全开）突跳到 d 点（全关）；被控参数在上限与下限之间时，控制器的输出信号保持原有状态不变。控制器输出触点"全开"与"全关"时相对应的被控参数之差称为控制器的差动范围 $\Delta\theta$，也叫不灵敏区或呆滞区。

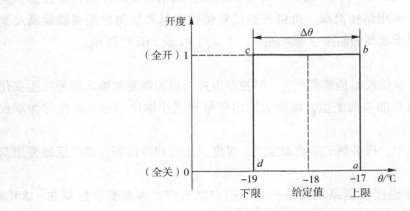

图 1-8　静态特性曲线

差动范围小的控制器能使被控参数的波动小，控制质量较高，但控制器动作频繁。因此，在满足生产工艺要求的前提下，应尽量将控制器的差动范围调大些，以延长控制器和执行机构的寿命。

③双位控制器的动态特性曲线。双位控制器的动态特性曲线是指双位控制系统的过渡过程曲线。从上例中可知被控参数达到上限或下限时控制器就立即动作。这种无迟延时间的双位控制过程可用如图 1-9 所示的曲线表示。当控制器的输出触点断开，电磁阀关闭时，库温按飞升曲线沿 1—2 上升。当库温升到上限-17℃时，控制器的输出触点闭合，电磁阀开启向蒸发器供液，库温又按飞升曲线沿 2—3 开始下降。当降到下限-19℃时，控制器的输出触点再次断开，电磁阀关闭，库温再次回升。双位控制器的动态特性曲线是一个不衰减的等幅振荡过程。图中 1—2—3 为控制过程的一个周期。

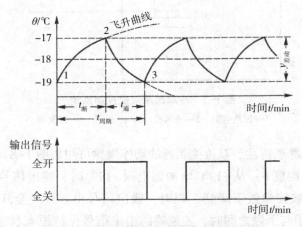

图 1-9　无迟延时间的双位控制过程曲线

在自动控制系统中，迟延时间总是客观存在的。在迟延时间内，控制作用无法影响被控参数，被控参数将继续沿原来的方向变化，使动态偏差增大。图1-10为具有迟延时间的双位控制器控制过程曲线。

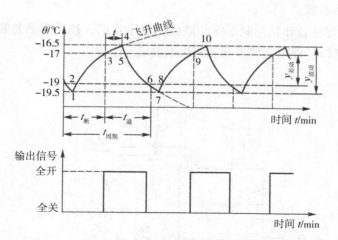

图1-10　具有迟延时间的双位控制器控制过程曲线

当库温上升到-17℃时，调节机构虽已动作，但由于迟延时间的影响，温度将沿原来的飞升曲线继续上升，假设升到-16.5℃时才开始下降。同理，温度下降到-19℃时还要继续下降，假定降到-19.5℃时才开始回升。显然，由于控制对象迟延时间的影响，控制过程中被控参数的波动幅度 $y_{波动}$ 增大，往往超过控制器的差动范围 $y_{差动}$，迟延时间越长，越过的范围就越大。

迟延时间的存在，使被控参数波动幅度增大，动态偏差增大，控制过程周期也较无迟延时间时有所增长。对这类控制系统，除了选用差动范围小于生产工艺规定的被控参数波动范围的控制器外，设计和安装时应尽量减少控制对象的迟延时间，以保证控制质量。

④双位控制器及其控制过程的特点。

a. 双位控制器的结构简单，价格低廉，易于调整。

b. 执行机构的动作是间断的，只有"全开"和"全关"两个位置，属于非线性控制。

c. 控制过程是一个周期性、不衰减的等幅振荡过程。

d. 改变控制器的差动范围，就可以改变被控参数的波动范围。

（2）比例控制器。

①比例控制器的控制规律。在双位控制系统中，控制器只有"全开"和"全关"两个状态，执行机构也只有"全开"和"全关"两个位置而没有中间状态，控制作用不能完全适应对象被控参数变化的要求，因而被控参数有较大的波动性。

如能使调节阀的开启度与被控参数的偏差成比例，就有可能获得与对象负荷相适应的控制参数，从而使被控参数趋于稳定，达到平衡状态。这种输出信号与输入信号成比例的控制器叫比例控制器，简称 P 控制器。其控制规律为：

$$p = K_{p}e \tag{1-2}$$

式中：p——比例控制器的输出信号；

      e——被控参数偏差值，即输入信号；

      K_p——比例系数。

图 1-11 是浮球液位比例控制系统的液位控制示意图，被控参数是容器的液位。系统由容器、连杆、杠杆、浮球、调节阀和流出端的液泵组成。

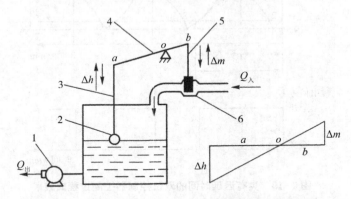

图 1-11　浮球液位比例控制系统的液位控制示意图
1—液泵　2—浮球　3—连杆　4—杠杆　5—阀杆　6—调节阀

当系统平衡时，流入量等于流出量，液位稳定在一定的高度；当流出侧流量突然减小时，液位逐渐升高，浮球带着杠杆上移，通过杠杆使调节阀逐渐关小，流入量也随之减少。当液位升高到某一高度时，流入量与流出量相等，使液位保持在一个较原来液位高的水平上。同理，流出量突然增加时，液位逐渐下降，浮球通过连杆、杠杆带动调节阀逐渐开大，使流入量也逐渐增大。当液位下降到某一位置时，流入量又与流出量相等，液位稳定在一个较原来液位低的水平上。可见，当系统中液位一旦产生偏差，调节机构立即有一个位移，此位移与偏差成比例，即调节阀的位移 Δm（控制器的输出信号）与液位的变化 Δh（控制器的输入信号）成比例，即

$$\Delta m \propto - \Delta h \tag{1-3}$$

液位升高时（$\Delta h > 0$）调节阀关小（$\Delta m < 0$），液位下降时（$\Delta h < 0$）调节阀开大（$\Delta m > 0$），故式中加一个负号。取一个比例系数 K_p，式（1-3）即可写成等式：

$$\Delta m = - K_p \Delta h \tag{1-4}$$

式中：Δm——执行机构位移，输出信号；

      Δh——液位高度变化，输入信号；

      K_p——比例系数。

式（1-4）叫作比例控制器的动态方程式。比例系数 K_p 表示了控制器控制作用的强弱。在相同的输入信号 Δh 下，K_p 值越大，输出信号 Δm 越大，控制器的控制作用越强；K_p 值越小，控制器控制作用越弱。

对于浮球液位控制器，比例系数按下式求得：

$$\frac{a}{\Delta h} = -\frac{b}{\Delta m}$$

$$\Delta m = -\frac{b}{a}\Delta h = -K_p \Delta h$$

$$K_p = \frac{b}{a} = \frac{\Delta m}{\Delta h}$$

改变支点 o 的位置时，就可以改变 a 与 b 的比值，即改变 K_p 值，进而调整比例控制器的控制作用。

工业生产中也常用比例带 δ 来表示比例控制器的控制作用。δ 常以输入、输出相对值表示，即

$$\delta = -\frac{\Delta H}{\Delta M} \times 100\% \qquad (1-5)$$

调节阀的位移变化相对值 ΔM（%）为

$$\Delta M = \frac{\Delta m}{m_{max} - m_{min}} = \frac{\Delta m}{\Delta m_{max}} \qquad (1-6)$$

式中：m_{max}——调节阀的最大开启度；

　　　m_{min}——调节阀的最小开启度；

　　　Δm_{max}——调节阀的最大开启范围。

液位变化的相对值 ΔH（%）为：

$$\Delta H = \frac{\Delta h}{h_{max} - h_{min}} = \frac{\Delta h}{\Delta h_{max}} \qquad (1-7)$$

式中：h_{max}——液位标尺的最高刻度；

　　　h_{min}——液位标尺的最低刻度；

　　　Δh_{max}——控制器的最大控制范围。

将式（1-6）和式（1-7）代入式（1-5），得

$$\delta = -\frac{\Delta H}{\Delta M} \times 100\%$$

$$= -\left(\frac{\Delta h}{\Delta h_{max}} \Big/ \frac{\Delta m}{\Delta m_{max}}\right) \times 100\%$$

$$= -\frac{\Delta h}{\Delta m} \cdot \frac{\Delta m_{max}}{\Delta h_{max}} \times 100\%$$

对于某个具体控制器，Δh_{max} 和 Δm_{max} 都已固定，$\dfrac{\Delta m_{max}}{\Delta h_{max}}$ 是一个常数，并令其为 K_c，则

$$\delta = \frac{1}{K_p}K_c \times 100\% \qquad (1-8)$$

这说明比例带 δ 与比例系数 K_p 成反比。比例带反映了比例控制器的放大能力与灵敏度。其物理意义是：控制器输出值变化 100% 时，所需输入变化的百分数。换言之，被控

参数变化了某个百分数时，控制器输出从最小值变化到最大值，所控制的执行机构从全闭变为全开，被控参数的这个变化的百分数就是比例控制器的比例带。图 1-12 表示了比例带 δ 与控制器输入和输出的关系。

设控制器输出带动的调节阀全关时的开启度为 0，全开为 100%，与额定负荷（给定液位）相对应的阀门开启度为 50%；控制器的输入液位（被控参数）也用百分数来表示，液位处于最低位时为 0，处于最高位时为 100%，设处于给定值时为 50%。当液位由 0 变化到 100% 时，调节阀的开启度也由 0 变化到 100%，此时控制器的比例带就是 100%；当液位在控制全程的 20% 到 80% 范围内变化时，即液位在 a、b 两点之间变化时，调节阀的开启度就已经由 0 变化到 100% 了，就说此时比例控制器的比例带 δ 为 60%，即液位高度处于 a、b 之间，阀门的开度与液位高度成比例变化。可见，被控参数只要在比例带内变化，控制器的输出就与输入成比例，执行机构就起控制作用；如果被控参数的变化超过了比例带 δ 的范围，控制器的输出就不能跟着变化，失去了比例控制作用。所以，也有把比例带称为比例界限或比例度的。

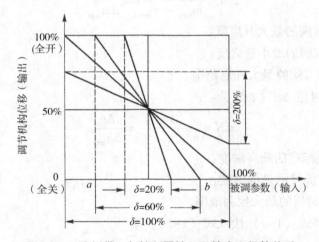

图 1-12　比例带 δ 与控制器输入和输出之间的关系

②比例控制器的静态偏差。由图 1-11 所示液位控制对象的控制过程可以看出：当系统受到干扰作用后，在比例控制器的控制作用下，通过改变调节阀的开启度，使液位重新稳定在一个新稳态值上，被控参数的新稳态值与给定值之间出现的偏差就是比例控制器的静态偏差。对于比例控制器所组成的控制系统，在过渡过程结束时，静态偏差是不可避免的。比例带 δ 越宽，控制器放大倍数越小，灵敏度越低，控制过程较稳定，但控制过程的静态偏差大；比例带 δ 越窄，控制器放大倍数越大，灵敏度越高，控制过程的静态偏差越小，但系统的稳定性差。在选择控制器时，如果比例带选得过小，控制器过于灵敏，被控参数有一个较小的偏差时，控制器控制执行机构动作较大，容易形成过控制，使被控参数发生振荡，严重时波动幅度会越来越大，使控制装置失去其控制作用。

比例控制器的控制作用随被控参数的偏差增大而增强，能较快地克服干扰引起的被控参数的波动，但控制过程有静态偏差。如果被调对象的静态控制质量要求较高，则需采用其他控制性能更好的控制器。

（3）积分控制器。前面叙述的比例控制器的缺点是控制系统一定存在静态偏差，采用积分控制器能够消除静态偏差。积分控制器的控制规律是输出的变化速率与输入成正比，即

$$p = K_i \int e dt \qquad (1-9)$$

式中：p——积分控制器的输出信号；

　　　e——被控参数偏差值，即输入信号；

　　　K_i——积分系数。

积分控制器的输出信号不但与被控参数偏差的大小有关，而且还与偏差存在时间有关。因此，系统中只要有偏差存在，控制器就始终动作，直至静态偏差消除，被控参数回复到给定值。

从理论上讲，积分控制器可使被控参数的静态偏差为零，但积分控制器调节机构的位置是浮动的。也就是说，被控参数回到给定值，控制系统处于暂时稳定时，调节机构的位置是不固定的，调节机构的位置并不与偏差的大小一一对应，因此稳定性很差，容易使系统波动不停，甚至失去稳定。积分控制规律如图1-13所示。

由于积分控制的稳定性差，在实际生产过程中往往和比例控制规律结合起来使用，构成比例积分控制器，其控制规律如图1-14所示。比例控制规律使控制器反应迅速，积分控制规律能消除系统静态偏差。在制冷空调系统中，较少采用纯积分控制器，在控制质量要求较高的场合，选用比例控制器或比例积分控制器。

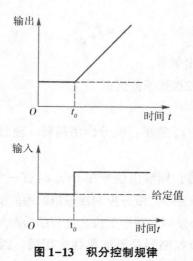

图1-13　积分控制规律

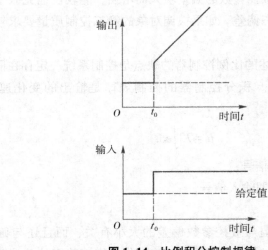

图 1-14　比例积分控制规律

（4）微分控制器。比例控制器或积分控制器是根据被控参数与给定值的偏差量来进行控制的，这个偏差量的出现是由于控制系统中流入量与流出量的不平衡而产生的。若流入量和流出量存在着不平衡，等到在被控参数的偏差量上充分反映出来时，实际上已落后了一段时间。当被调对象中一旦出现流入量与流出量不平衡时，立即就有一个与此不平衡流量成正比的被调量偏差的变化速度出现。由于控制对象总有一定的容量，所以此时偏差变化量尚未形成（或十分小），因此被调量偏差的变化速度信号在时间上快于偏差变化信号。如果利用被控参数的变化速度（即被控参数对时间的导数）作为控制器的输入信号，就可克服偏差控制作用不及时的现象。这就引入了微分控制器。理想微分控制器的输出信号与输入信号变化速度成正比，即

$$p = T_{\mathrm{d}} \frac{\mathrm{d}e}{\mathrm{d}t} \tag{1-10}$$

式中：p——微分控制器的输出信号；

　　　e——输入信号，即被控参数偏差值；

　　　T_{d}——微分时间。

T_{d} 越大，微分作用越强；T_{d} 越小，微分作用越弱。理想微分控制器的飞升特性曲线如图 1-15 所示。

当 $t = t_0$ 时，输入阶跃信号，则输出信号在 $t = t_0$ 时有一个脉冲变化。以后当 $t > t_0$ 时，输入信号保持不变，输出信号为零。微分控制器根据偏差的变化速度进行控制，故它的动作快于比例控制器，且比积分控制器动作更快。这种超前和加强的控制作用，使被控参数的动态偏差大为减小。但微分控制器是不能单独应用的。因为只要被控参数的导数等于零，控制器就不再输出控制作用，此时即使被控参数有很大的偏差，微分控制器也不产生控制作用，结果被控参数可以停留在任何一个数值上，这不符合控制系统正常运行的要

求。同时，又因微分控制器存在不灵敏区（呆滞区），如果对象的流入量和流出量之间只稍有不相等，则被控参数的导数总是保持小于不灵敏区的数值，永远不能引起控制器动作，而这样很小的不平衡却会使被控参数逐渐变化，只要时间长了，就会使被控参数的偏差量超过安全许可的范围。由于这些原因，微分控制器不能单独应用，而常和比例或比例积分控制器组合使用，在控制器中纳入微分控制器的优点，形成比例微分（PD）或比例积分微分（PID）控制器。

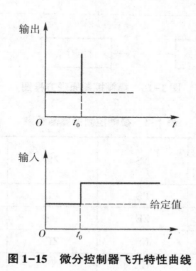

图 1-15　微分控制器飞升特性曲线

（5）模糊控制器。模糊控制方法起始于 20 世纪 70 年代后期，在工业过程控制中已经解决了许多实际问题，家用空调器中成功地引入模糊控制，满足了舒适性与节能要求。和 PID 算法（控制）相比，模糊控制的突出优点在于"模糊"，它抗干扰能力强，符合制冷系统控制的实用要求。

模糊控制的基础与核心是模糊算法，它完全可以根据人的经验知识，直观地进行控制，特别适合于制冷空调对象为非线性的环节，复杂的难以用模型语言进行准确描述的情况。常规控制施加到制冷装置上常常得不到好的效果，根本原因在于对象的强烈非线性。

模糊控制就是由设定的隶属函数，求出控制输入的隶属度，据此进行模糊规则的判断，得出模糊的控制输出，再进行模糊量的运算，得出精确的输出，实现对执行机构的控制，达到控制被调量的目的。其中隶属函数的设置和模糊控制规律的拟定，由控制对象及控制精度决定。

模糊控制的基本原理如图 1-16 所示。其核心部分为图中虚线框表达的模糊控制器。模糊控制器的控制规律，由计算机的程序实现。

实现模糊控制的主要工作，在于结合制冷装置所需控制的参数建立一个模糊控制算法表。一般输入量为误差和误差变化率，输出为控制器信号。若把输入量与输出量都划分为五个等级，分别是负大（NL）、负小（NS）、零（ZE）、正小（PS）和正大（PL），输入量的隶属度函数是三角形隶属度，输出量的隶属度函数为棒形隶属度，即单值隶属度，如此借助于人们的经验与实验基础，就可列出如表 1-1 所示的模糊推理（控制）表。

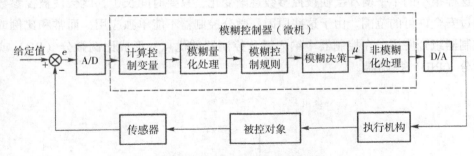

图 1-16　模糊控制原理方框图

表 1-1　模糊控制隶属函数表

ΔX ＼ X	NL	NS	ZE	PS	PL
NL	ZE	PS	PL	PL	PL
NS	NS	ZE	PS	PL	PL
ZE	NL	NS	ZE	PS	PL
PS	NL	NL	NS	ZE	PS
PL	NL	NL	NL	NS	ZE

实现模糊控制算法的过程如下：按图 1-16，微机经中断获取被控制量的精确值，将此值与给定值比较，得到误差信号 e。一般选择误差信号 e 作为模糊控制器的一个输入量，把误差信号 e 的精确量进行模糊量化，变成模糊量，也就是通过对隶属函数的计算，得出相应的模糊子集的隶属度，再由这个具有隶属度的模糊子集非模糊控制规则，根据推理的合成规则进行模糊决策，得到模糊控制量 μ。

为了对被控对象进行精确的控制，还要将模糊控制量 μ 转变为精确量，即图 1-16 中的非模糊化处理（亦叫清晰化）。得到精确的数字控制量后，经数模（D/A）转换，变为精确的模拟量送给执行机构，对被控对象进行控制；然后中断等待第二次采样，进行第二步控制……这样循环下去，实现模糊控制。

现以房间空调器为例，说明模糊控制。房间空调器的模糊控制就是快速感知空调各主要参数，通过传感器获得室温变化、房间温湿度及房间情况等大量数据。将实测数据和大量经验数据相比较，应用模糊理论，做出快速控制。在舒适空调中，影响"舒适度"有六个主要因素，即人体的活动量、着衣量、室内外温度、湿度、气流的速度及辐射热的大小。

模糊控制根据这六个因素综合判断，得出最优的室内状态参数。如在相同房间温度下，单独一个人和人多时，人休息和做家务时，早晨起床和晚间睡觉时，人的感觉都不一样。此外，门窗的开闭也会引起室温波动，使人感到不适。在这种情况下，模糊控制的空调器就要对设定的室内温度进行细致调整，快速达到最优的舒适状态。以往的房间空调器只根据室内温度、湿度控制室内状态，很难得到理想的舒适环境。利用模糊控制，适时调节压缩机的转速、输出功率、除湿及除霜的运行等，随时随地给人们创造舒适的环境，同时节能效果明显提高。

　　下面介绍一下简单的房间空调器温度模糊控制的实现过程。此温度模糊控制系统的构造、测控参数、采样点布置如图1-17所示。控制执行机构及控制目标分别为：压缩机变频器控制输入电流；换热器风机控制室内送风量；电子膨胀阀控制压缩机吸入气体过热度，总控制目标为房间温度。显然，执行机构和控制目标之间有着交互的影响，从而增加了控制的复杂性。

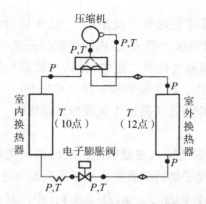

图1-17　系统构造和测控参数采样点布置

　　设输入变量温度偏差的语言值的模糊子集为 {负大，负中，负小，负很小，正很小，正小，正中，正大}，此模糊子集的隶属函数为

正大
$$\mu(X) = 1 - \frac{1}{1 + 0.5X^2}(X > 0)$$

正中
$$\mu(X) = \frac{1}{1 + (X - 2)^2}(X > 0)$$

正小
$$\mu(X) = \frac{1}{1 + (X - 1)^2}(X > 0)$$

正很小
$$\mu(X) = \frac{1}{1 + 0.5X^2}(X > 0)$$

负很小
$$\mu(X) = \frac{1}{1 + 0.5X^2}(X < 0)$$

负小
$$\mu(X) = \frac{1}{1 + (X + 1)^2}(X < 0)$$

负中 $$\mu(X) = \frac{1}{1 + (X + 2)^2} (X < 0)$$

负大 $$\mu(X) = 1 - \frac{1}{1 + 0.5X^2} (X < 0)$$

①温度变化率及其他参数对应模糊子集的隶属函数，用类似方法构成。模糊控制器的输出变量主要有三个，因此就应该存在以下三个模糊子集：

a. 压缩机变频器控制参数的语言值，模糊子集为 {最小，小，中，大，最大}。

b. 换热器风机控制参数的语言值，模糊子集为 {最小，小，中，大，最大}。

c. 电子膨胀阀控制参数的语言值，模糊子集为 {最小，小，中，大，最大}。

②知道了输入变量的模糊子集的隶属度，根据人工控制经验，拟定模糊控制规则。其基本结构是：根据温差、温度变化率的设定状态，推导变频器频率、风机转速和电子膨胀阀开度的设定状态。

a. 如果温差"正大"，温差变化率"负很小"，认为机器出力严重不足，运行状态置于变频器频率"最大"、风机转速"最大"、电子膨胀阀开度"最大"。

b. 如果温差"正小"，温差变化率"正中"，认为机器出力不足，运行状态置于变频器频率"中"、风机转速"中"、电子膨胀阀开度"中"。

c. 如果温差变化率的相应语言值模糊子集数和温差相同，均为8个，则类似a和b的规则应有64条。

d. 最后根据模糊控制规则及输入变量情况，求出输出变量（包括变频器频率、风机转速及电子膨胀阀开度）模糊子集的隶属度，从而得到控制量。例如，变频器频率对应模糊子集的隶属度为最大：$\mu(f) = 0$；大：$\mu(f) = 0.1$；中：$\mu(f) = 0.8$；小：$\mu(f) = 0.7$；最小：$\mu(f) = 0.1$。计算出变频器频率 $f = 45$ Hz。

控制过程如图 1-18 所示。

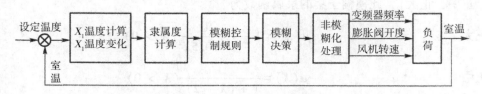

图1-18 控制过程方框图

③从实验及计算机仿真可以看出，此模糊控制与规则控制相比有下列优点：

a. 控制过渡过程优良，因而被控环境稳定，舒适性提高。图 1-19 为室外气温 0℃时，两种不同控制方法对开窗 1min 所形成的扰动的控制过渡过程。

b. 压缩机无频繁起停，因而有利于节能和延长设备使用寿命。实验表明，用模糊控制方法无一次起停，而且电耗只有前者的 76%。

c. 不同型号和规格的设备能使用相同的控制规则，因而大大简化了软件的设计。

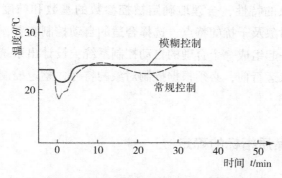

图 1-19　两种控制方案在外界干扰下的影响

三、执行器的特性

执行器是自动控制系统中的动力部件，作用是将控制器送来的控制信号 p 变成控制量，克服干扰造成的影响。

执行器有直接作用式与间接作用式之分。传感器、控制器、调节机构组装成一个整体的执行器为直接作用式执行器。当传感器所测得的被控参数与给定值之间存在偏差时，传感器的物理量发生变化，产生足够大的力或能量，直接推动调节机构动作。调节机构的位置变化与被控参数的变化成比例。直接作用式执行器的构造简单、价格便宜，但灵敏度和精度较差，常用于控制质量要求不高的制冷系统中。在制冷空调系统中，如热力膨胀阀、蒸发压力调节阀、直接作用式蒸汽加热阀等都属于这种直接作用式执行器。

传感器、控制器、执行器三者分别做成三个（或两个）部件的执行器称为间接作用式执行器。当被控参数发生变化后，传感器发出测量值信号，送至控制器，信号经控制器放大，再送至执行器，从而使调节机构动作。控制器及执行器从外部输入辅助能量，故执行器能发出较大的力或功率。间接作用式执行器比直接作用式执行器的灵敏度高，输出功率也大，作用距离也长，便于集中控制，但间接作用式执行器也存在着需要辅助能源和结构较复杂的缺点。

按照辅助能量的不同，间接作用式执行器又可分为三类：气动调节阀、电动调节阀和液动调节阀。气动和电动调节阀是制冷空调系统中常用的，液动调节阀仅用在需要动作迅速而推力又很大的场合，制冷空调系统中很少使用。

第三节　自动控制系统的方案确定与运行

一个自动控制系统必须做到以下三步才能充分显示出其优点。首先，必须深入分析生产过程，了解控制对象的特性，合理地确定被控参数的基数和精度，研究外部干扰的特点。其次，根据控制对象及干扰的特点，选择合适的自动控制装置，即传感器、控制器和执行器，与控制对象一起组成一个合理的自动控制系统，设计出系统最佳匹配。最后，在自动控制系统建成投入运行前，必须根据控制对象的特性，整定控制器参数，使控制器和控制对象达到最佳匹配。

一、自动控制系统品质指标的确定

对不同的自动控制系统，除了要求稳定性以外，其他几项指标通常都希望它们小一些，但这样需要设置较为复杂的自动控制装置。因此，要根据控制对象的特性和生产工艺要求，合理地确定各项品质指标。例如冷库制冷系统，由于被控参数（如温度、湿度）的变化比较缓慢，因而对最大偏差 y_{max}、控制时间 t_s 的要求可以适当放宽，而对静态偏差 y（∞）的要求则比较严格。再比如，空调系统是为了改善工作与生活条件，往往只对静态偏差 y（∞）提出要求，对其他几项指标的要求也可以放宽，这样可以为自动控制系统的设计和调试带来方便。

二、控制设备的选择

生产过程的自动调节和控制，是由自动控制装置来实现的。自动控制装置又称为自动化仪表。对一定的控制对象，自动化仪表的性能决定了自动控制系统的控制质量。因此，只有合理地选择自动化仪表和元件，并将它们适当地组合，才能获得较好的控制效果。

1. 自动化仪表的分类

自动化仪表和元件按其功能不同，大致可分为检测仪表、显示仪表、控制仪表和执行器四类。按其结构不同可分为基地式仪表和单元组合式仪表两大类。基地式仪表一般以指示或记录仪表为主体，附带将控制系统中的其余部分（常见的是控制部分）也装在仪表壳内，构成一个整体，使仪表具有指示、记录和控制功能，这类仪表常用于简单的控制系统。单元组合式仪表则是根据自动控制系统组成部分的各种功能和要求，将整块仪表分为若干能独立完成某项功能的典型单元（如变送单元、转换单元、运算单元、给定单元、控制单元、辅助单元和执行单元等），各单元之间的联系都采用统一的标准信号（气动仪表采用 0.02~0.1MPa 气压信号，电动仪表采用 4~20mA 直流电信号）。根据生产工艺要求，利用这些有限单元，做出多种多样的组合，从而构成形形色色、复杂程度各异的自动控制系统。由于各单元之间采用标准统一信号，有助于与计算机配合使用，以满足大型自动化系统的需要。

在制冷空调系统中，也可按生产过程中各种工艺参数，把自动化仪表分为温度指示控制仪表、压力指示控制仪表、液位指示控制仪表、湿度指示控制仪表和自动控制执行机构等。

2. 自动化仪表的品质指标

（1）仪表的精确度。精确度也叫精度，是反映仪表指示值接近被测实际值程度的品质指标。

被测参数的大小，通常是用仪表来检测的，但仪表的指示值与被测参数的实际值往往有一定差距，这个差值叫仪表的绝对误差。被测参数的实际值通常是不知道的，在仪表校验中常常用精确度较高的标准仪表指示值来代替实际值。

仪表的绝对误差不能准确地反映出仪表的质量，因为同样大的绝对误差，在不同量程（测量范围）的仪表中，误差所占的比例是不一样的。工程上常用仪表的基本误差来表示仪表的精度。

$$\text{仪表基本误差} = \pm \frac{\text{仪表量程范围内的最大绝对误差}}{\text{标尺上限} - \text{标尺下限}} \times 100\% \qquad (1\text{--}11)$$

例如，有两只测温范围不同的仪表，假设最大绝对误差都是1℃，则测温范围为0~100℃的仪表的基本误差为：

$$\text{仪表基本误差} = \pm \frac{1}{100 - 0} \times 100\% = 1.0\%$$

测温范围为0~50℃的仪表，其基本误差为：

$$\text{仪表基本误差} = \pm \frac{1}{50 - 0} \times 100\% = \pm 2.0\%$$

量程为0~100℃的仪表，误差仅占测温范围的1.0%，仪表的基本误差较小，精确度较高。可见，仪表基本误差不仅与绝对误差有关，而且还与仪表的量程有关。

仪表的精确度按国家统一规定的允许误差大小划分成几个等级。某一类仪表的允许误差是指在规定的正常情况下，这类仪表所允许具有的最大的仪表基本误差。如精度等级为1.5级的仪表，其允许误差不超过1.5%。

常用仪表的精度等级有0.35、1.0、1.5、2.5等。0.35级以下的仪表可以当作标准仪表。仪表的精度等级常以圆圈内的数字标在仪表的面盘上或写在说明书里，如1.0级仪表以1.0表示。仪表的精确度等级虽然代表着仪表的允许误差，但被测参数的误差在每一个测量点都是不同的。某测量点最大可能出现的相对误差为：

$$\text{最大可能误差} = \text{基本误差} \times \frac{\text{标尺上限} - \text{标尺下限}}{\text{仪表指标值}} \qquad (1\text{--}12)$$

例如，某只精度为2.5级的测温仪表，测温范围为0~50℃，当测温读数为5℃时：

$$\text{最大可能误差} = \pm 2.5\% \times \frac{50 - 0}{5} = \pm 0.25 ℃$$

当测温读数为50℃时：

$$\text{最大可能误差} = \pm 2.5\% \times \frac{50 - 0}{5} = \pm 0.025 ℃$$

因此，在选用仪表时，应尽量使被测参数值在仪表量程的上限部分。但同时也要考虑到被测参数可能出现的最大值不要超过仪表的量程，以免损坏仪表。

（2）变差。在外界条件不变的情况下，使用同一只仪表对被测参数进行正反行程（即由小到大和由大到小）测量时，发现相同的被测参数值所测得的仪表指示值却不相同，如图 1-20 所示。

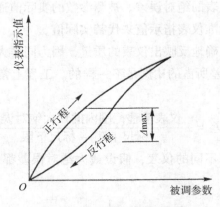

图 1-20　测量仪表的变差

两次测量值最大绝对误差 Δ_{max} 与仪表量程范围之比的百分数称为仪表的变差，即

$$变差 = \frac{\Delta_{max}}{标尺上限 - 标尺下限} \times 100\% \qquad (1-13)$$

仪表的变差应不大于仪表的基本误差，变差越小，仪表的再现性越好，工作越可靠。造成变差的原因很多，如传动机构的间隙、仪表运动部件的摩擦、弹性元件的弹性迟延、一定方向的外磁场等。

（3）灵敏度和灵敏限。

①灵敏度。灵敏度表示测量仪表对被测参数变化的敏感程度。用公式表示为：

$$灵敏度 = \frac{仪表指针的位移}{引起位移的被调参数变化量} \qquad (1-14)$$

把相同的两个压力表都通入同样的微小压力，其中一只表的指针不动，另一只表的指针转动，那么后者比前者要灵敏。灵敏度越高，越能感觉被测参数的微小变化。

②灵敏限。仪表的灵敏限是指能引起仪表指针发生动作的被测参数变化的最小限度，也称灵敏度界限或分辨力。

仪表的精确度越高，灵敏度越高，灵敏限就越小；但灵敏度高的仪表，易受噪声、振动等外界条件的影响而使精确度降低。因此应在仪表的灵敏度和精度之间加以协调。

3. 自动化仪表的选择

自动控制系统的方案确定以后，要对自动化仪表和元件进行选择。只有切合实际地选好自动化仪表，才能保证自动控制方案更好地实现。自动化仪表的选择，要考虑工程上控制方案的要求以及具体的实际可能。同时，也要对同类型的实际运行系统做一些调查研究，根据仪表在实际运行中的情况来考虑其可选择性。一般来说，应首先确定仪表的种类，然后考虑仪表的控制规律，再根据是否要求自动记录与指示等功能来确定仪表的类型。另外，还应考虑仪表的量程、精度等级及其他方面的具体要求，最后确定所需仪表的具体方案。

对于控制仪表，选用时必须考虑控制器的控制规律及其参数整定。

（1）控制规律（算法）的选择。

①要考虑广义对象的特点。所谓广义对象，是指除控制器外控制系统中其他环节的统称。控制对象的可调性是以对象的特征比 τ_1/T_1 值大小来描述的。τ_1/T_1 值较小，可调性好，采用简单的控制规律便可取得较好的控制效果；τ_1/T_1 值大，可调性差，应采用复杂的控制规律或其他现代控制技术，才能获得较好的控制效果。总之，控制规律必须和被控对象的特性相匹配，才能取得好的控制效果。

不同对象的特征比，需要采用的控制规律如表 1-2 所示。这是实践积累与计算仿真的结果，比较成熟。

表 1-2　控制规律与控制对象特征比 τ_1/T_1 的关系

对象特征比 τ_1/T_1	控制规律
≤0.2	双位控制
0.2~1.0	比例、比例积分、比例积分微分
>1.0	采样控制（含现代控制方法）

②要考虑干扰的特性。应分析控制系统可能遇到的干扰的幅值、频率及作用点。对于影响较大的干扰，应采用必要的防干扰措施，同时控制器也应选用较复杂的控制规律。

③要考虑对象对控制精度的要求。如冷藏舱对温度静态偏差要求在±0.5℃以内，就不得不考虑精度较高、较复杂的比例积分控制器；对控制精度不高的场合，在满足工艺要求的前提下，尽可能选用简单的控制规律，价格便宜的控制器。

④应考虑控制系统的经济性。20 世纪末，制冷空调系统的机电一体化水平逐渐提高，机组与装置的附加值很大程度上取决于自动化水平的高低。随着人们观念的变化，自动控制系统的投资在装置总成本中比例也在提高。经济性是指自控系统的一次性投资、运行维护费用及维修管理人员的水平，需综合考虑，针对不同用户的要求，才能获得更好的控制器的性能价格比。

（2）控制器参数的整定。控制系统设计和安装以后，希望能达到预期的控制品质，首先必须要根据实践对象特性对控制器的参数进行整定，即选定适当的比例系数、积分时间和微分时间，以保证控制系统得到最佳的控制过程，达到最佳过程的控制器参数值，即最佳整定参数，这是自动控系统要达到的预期控制效果不可缺少的一环。工程上可供实用的整定方法如下：

①稳定边界法。此法又称临界比例带法。这种整定方法简单可靠，容易掌握和判断，但仅适用于实际控制过程允许等幅振荡的场合。采用此方法时，不需要单独对广义对象做动态特性实验，直接将控制器投入系统运行。

a. 将积分时间 T_i 放到最大，微分时间 $T_d = 0$。实验时将比例带 δ（$\delta = \dfrac{1}{\text{比例系数}} = \dfrac{1}{K_p}$）由大到小逐步调整，观察被控参数随给定值阶跃变化的过渡过程，逐次记录；当系统过渡过程出现等幅振荡时，此时的比例带称临界比例带 δ_k，此时的振荡周期为临界振荡周期 T_k。

b. 按表 1-3，根据 δ_k、T_k 值算得控制器整定参数 δ，对 T_i 和 T_d 进行参数整定。

表 1-3　临界比例法控制器参数的整定

控制品质要求	控制规律	$\delta_k/\%$	T_i	T_d
振幅衰减比 4:1	P	$2\delta_k$	—	—
	PI	$2.2\delta_k$	$0.85T_k$	—
	PID	$1.7\delta_k$	$0.5T_k$	$0.13T_k$

该方法有理论根据，并通过大量实验归纳而获得，是成熟可靠的。临界比例法的整定，都是在控制过程以 4:1 衰减比前提下进行的。

②衰减曲线法。此法也是经过反复工程实验总结而获得的，它与"稳定边界法"一样，可将控制器直接投入运行，但不需要得到临界振荡过程而求得临界比例带，因此这种方法更安全、简单。

若整定要求是使系统的过渡过程达到衰减比为 4:1 的要求，方法如下：先把控制器的纯比例控制作用投入系统运行（这时 $T_i \to \infty$，$T_d = 0$），确定某一比例带，待系统在额定负荷附近的工况达到稳定后，适当改变给定值（以 5%左右为宜），观察控制过程的衰减比。如衰减比高于 4:1 则将比例带减小些，反之，则把比例带加大一些，直到调整到规定的 4:1 衰减为止。记下此时的比例带 δ_s 和振荡周期 T_s，然后按表 1-4 求得其他控制规律的整定参数。

③反应曲线法（响应曲线法）。对于控制对象特性已经掌握或者很容易实测获得的场合，此方法是一种简单的控制器参数整定方法。

若被控对象的迟延时间为 τ，时间常数为 T，放大系数为 K，则可按表 1-4 算出整定参数 δ、T_i 和 T_d。按此去整定控制系统，就能取得预期效果。

表 1-4　响应曲线法控制器参数整定

控制品质要求	控制规律	δ	T_i	T_d
振幅衰减比 4 : 1	P	$\dfrac{K_\tau}{T}$	—	—
	PI	$1.1\dfrac{K_\tau}{T}$	3.33τ	—
	PID	$0.85\dfrac{K_\tau}{T}$	2τ	0.5τ

三、控制系统的投入运行

一个自动控制系统要达到预期的控制效果，不仅需要正确的设计、施工，而且需要能安全、正常地投入运行。

自动控制系统安装完工后，即进入投运阶段。自动控制系统投运前应作一系列准备工作。

1. 系统投运前的准备工作

(1) 熟悉工艺设备的运行情况及其对控制品质的要求，掌握自动控制系统的设计意图，掌握系统中各类仪表的工作原理、操作和调整方法。

(2) 自动化仪表的校验。严格按照仪表使用说明书或有关规范对仪表逐台进行校验，其中包括仪表的零点、满度，输入模拟信号后仪表输出信号的走向等。

(3) 自动控制系统线路的检查。按设计图纸及有关的施工规程，仔细地检查系统各组成部分的安装与接线。

2. 控制系统的联动试验

联动试验是在系统中各仪表、部件检验合格，系统安装接线检查正确无误后，切断控制能源的情况下进行的。联动试验的目的是检查当传感器受到干扰后，自动控制系统各环节联动情况是否符合设计要求，各环节信号的极性是否正确，不符合要求和不正确处应加以改正；另一目的是考察系统各种联锁控制是否起作用。

3. 自动控制系统的调试

在联动试验的基础上，接上控制能源，按照工艺流程，从头到尾逐一对各个子控制系统进行如下两个试验：

(1) 运行效果的试验与调整。此项试验的目的是检查自动控制系统由手动转到自动运行后，系统能否达到稳定的要求。若不稳定即产生失调或等幅振荡，则应针对出现的现象，对自动控制系统相应环节的参数进行调整，以期达到一衰减振荡过程。运行效果试验的方法是：在检查某一子控制系统运行效果时，首先保证该系统输入参数恒定在给定值，如空调自动控制系统中的露点控制系统的输入参数，即一次回风与新风混合温度保持在给定值，在手动位置调整控制器，使控制系统的输出参数如露点控制系统的露点温度维持在给定值。然后将控制器由手动位置切换到自动位置，观察系统的表现，若不稳定则进行调整，直到满足稳定的要求为止。如此，按照工艺流程的顺序，逐个对每个子控制系统试验、调整，直到整个自动控制系统全部满足稳定的要求为止。

（2）系统加干扰后控制品质的试验。这项试验的目的是检查自动控制系统在较强阶跃干扰下的控制品质，预估自动控制系统运行后遇到实际干扰时能否正常工作。

试验方法是：首先计算出自动控制系统可能遇到的最大干扰幅值，然后给系统施加幅值等于最大干扰幅值的阶跃干扰，考查系统控制品质。如系统不稳定或失调，则调整控制器参数或排除相关环节存在的问题，使自动控制系统能稳定运行，此项工作就告结束。

第四节　制冷与空调装置自动控制系统

20世纪80年代以来，由于电子膨胀阀等关键执行机构的研制获得了突破，计算机控制终于真正应用到制冷循环系统中。从此，控制系统摆脱了几十年来由直接作用式比例控制器和双位控制器垄断的局面，从单回路控制发展成多回路控制、计算机控制等多种控制模式。

一、单回路系统

单回路控制系统是由传感器（或变送器）、调节器、执行器和被控对象组成的单一反馈控制系统。图1-1所示室温自动控制系统即为单一反馈系统，其方框图如图1-2所示。这种控制系统结构简单，投资少，易于调整、投运，特别适合于被控对象可调性好，负荷、干扰变化平稳或调节品质要求不太高的场合，因此在通常的自动控制系统中应用十分广泛。

一个优秀的自动控制系统必须做到以下三步才能充分显示出其工程特点。首先，必须深入分析生产过程，了解被控对象的特性，合理地确定被控参数的基数和精度，研究外部干扰的特点；其次，根据被控对象及干扰特点，选择合适的自动控制装置即传感器、调节器和执行器，与被控对象一起组成一个合理的自动控制系统，设计出最佳的匹配；最后，在自动控制系统建成投入运行前，必须根据被控对象的特性，调定调节器的参数，使调节器和被控对象达到最佳匹配。

1. 调节器控制规律的选取

调节器控制规律选取要考虑以下几个方面的问题，才能取得最好的性能价格比。

（1）要考虑广义对象特点。所谓广义对象是指除调节器外控制系统中其他环节的统称。调节器的控制规律必须和被控对象的特性相匹配才能取得比较好的调节效果。对象不同的特征必须采用的调节规律如前面表1-2所述。表1-5给出的被控对象特性与调节器最佳搭配关系可供选用时参考。

表1-5　被控对象的特性和调节规律最佳匹配

被控对象		阶跃响应	最佳调节器
特性	例子		
无容量 （0阶比例）	流量控制系统 压力控制系统		P、PI
单容 （一阶）	简单的温度控制系统 液位控制系统		P、PI
多容 （高阶）	温度控制系统		PI、PID
滞后+高阶	复杂温度控制系统		PID
积分	锅炉液位控制系统		P
滞后+积分+高阶	反应温度控制系统		PD

（2）要考虑干扰的特性。干扰的幅值、频率及作用点对自动控制性能的影响也很大。对影响大的干扰除采用必要的防干扰措施外，调节器也要采用复杂的调节规律，才能取得比较好的控制效果。

（3）要考虑生产工艺对控制精度的要求。对控制精度要求不高的场合，在满足工艺要求的前提下，尽量采用调节规律简单、价格便宜的调节器；控制精度要求高的场合，则要采用复杂调节规律的调节器。

（4）要考虑控制系统的经济性。经济性是指自动控制系统的一次投资、运行维护费及维修管理人员的技术水平。调节规律复杂的调节器，一般一次投资、运行维护费较高，对管理、维修人员的技术水平要求也高。

2. 控制系统的投入运行和调节参数整定

一个自动控制系统能否达到预期的控制效果，除正常设计、施工外，安全、正常地投入运行，并根据实际对象特性整定调节器参数，有着十分重要的意义。

一个自动控制系统能否达到预期的控制效果，除正常设计、施工外，还需要加如"第三节中三、控制系统的投入运行"所述进行系统调试，并根据实际对象特性整定调节器参数。

所谓调节器参数的工程整定，就是将调节器参数如比例带 δ、积分时间 T_i、微分时间 T_d 的值整定到适合于被控对象特性，以使自动控制系统获得符合工艺要求的调节品质的过程，这是自动控制系统达到预期控制效果不可缺少的一个环节。通常，调节器参数的工程整定方法有如下几种：

（1）经验试凑法。这种整定方法步骤如下。

①将 T_i 放在最大，$T_d=0$，使系统在纯比例调节下工作，从大到小改变比例带 δ，直到出现一个衰减振荡的过程。

②将上述比例带放大 1.2 倍，从大到小改变积分时间 T_i，以期有稳定的过渡过程和较小静差。

③使微分时间 $T_d=\left(\frac{1}{6}\sim\frac{1}{4}\right)T_i$，引入微分环节，同时适当减小比例带和积分时间，考察系统的动态灵敏性和控制精度。在整个过程中，凭经验还可以适当微量调节 δ、T_i、T_d，以期自动控制系统有满意的调节品质。

（2）临界比例带法。这种整定方法简单方便，容易掌握和判断，但仅适用于生产过程允许反复振荡的场合，其整定步骤如下。

①将 T_i 放在最大，$T_d=0$，使系统在纯比例调节下工作，从大到小改变比例带 δ，当系统出现等幅振荡时，此时比例带称为临界比例带 δ_k，振荡周期称为临界振荡周期 T_{pk}。

②按表 1-6，根据 δ_k、T_{pk} 值算得调节器参数 δ、T_i、T_d，进行参数整定。

③观察过渡过程曲线是否满意，若不满意，则可适当微调调节器参数，以期调节品质更好。一般按此法整定的调节器参数可以达到预期的控制效果。

表 1-6　临界比例带法调节器参数整定

调节品质要求	调节规律	调节器参数		
		δ	T_i	T_d
振幅衰减比 4：1	P	$2\delta_k$	—	—
	PI	$2.2\delta_k$	$0.85T_{pk}$	—
	PID	$1.7\delta_k$	$0.5T_k$	$0.125T_{pk}$

（3）响应曲线法。在调节对象特性已经掌握或很容易测得的情况下，这是一种简单的调节器参数工程整定法。若被控对象滞后时间为 τ，时间常数为 T，放大系数为 K，则可以直接按表 1-7 中的公式计算出 δ、T_j、T_d 去整定调节器参数，就能取得预期的控制效果。

表 1-7　响应曲线法调节器参数整定

调节品质要求	调节规律	调节器参数		
		δ	T_i	T_d
振幅衰减比 4：1	P	$\dfrac{K\tau}{T}$	—	—
	PI	$1.1\dfrac{K\tau}{T}$	3.33τ	—
	PID	$0.85\dfrac{K\tau}{T}$	2τ	0.5τ

二、多回路系统

多回路控制系统所用的发信器、控制器、执行器较多，构成的系统比较复杂，功能也比较强，用于控制质量要求高、各变量关系复杂等场合。多回路控制系统主要分串级控制系统、前馈控制系统、分程控制系统、自动选择控制系统等。

1. 串级控制系统

串级控制系统由主控制回路和副控制回路串接组成。主控制器的输出信号作为副控制器的给定值，因此主控制器所形成的系统是定值控制系统；而副控制器的工作是随动控制系统。利用副控制回路的快速控制作用，以及主、副回路的串级作用，可以大大改善控制系统的性能。图 1-21 为冷库温度串级控制系统的系统框图与应用实例。它用于香蕉船的冷藏舱库温控制，主控制器 EPT70 为比例积分电动温度控制器，副控制器为电动压力导阀

CVM。主控制回路由库温电阻发信器 t_R、主控制器 EPT70 比例积分电动温度控制器、电动执行器 AMD23 组成；副控制回路由压力控制器（电动压力导阀 CVM）、调节主阀 PMI 组成。图中 TE 为膨胀阀。

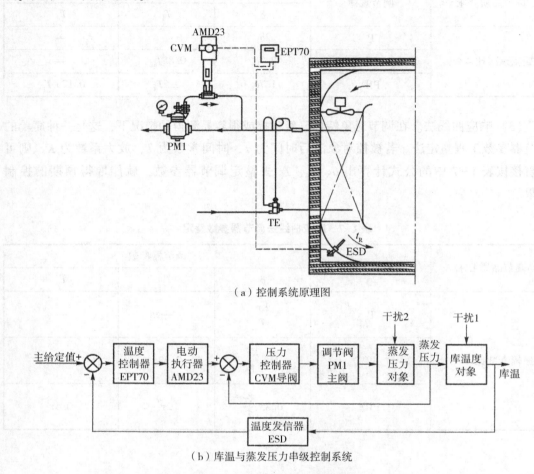

（a）控制系统原理图

（b）库温与蒸发压力串级控制系统

图 1-21　冷库温度串级控制系统

串级控制系统主要适合下列场合：

（1）对象迟延比较大，时间常数也大的场合。对于迟延大、时间常数大、反应缓慢的对象，干扰发生后不能立即克服，用单回路控制系统超调量大，过渡过程时间长，被控参数恢复慢，采用串级控制可克服该缺点。选择一个迟延较小的辅助参数组成副回路，同时副回路中尽可能包含干扰幅度较大的主干扰，使各类干扰对主控制回路的影响减小到最低程度，从而改变控制对象特性，提高系统的控制品质。

（2）在对象中存在大干扰时，控制品质较差。采用串级控制系统可把大幅度扰动纳入副控制回路，使干扰尚未影响到主控制参数时就被克服，提高了全系统的抗干扰能力，使系统控制品质大为改善。

对于大迟延对象，在迟延期间干扰已经发生，偏差还未形成，以偏差产生控制作用的负反馈控制系统就不产生控制作用，这必导致系统波动幅度增大，稳定性差，控制品质下降。所以，对于大迟延现象比较适宜用前馈控制。

2. 前馈控制系统

其基本思想是按外部干扰控制的系统，由干扰直接产生控制作用，就有可能在偏差还未形成前及时克服干扰，使被控参数保持不变。其实质是以干扰克服干扰的控制过程，如图1-22所示。开环控制系统反应迅速，但因其无信号反馈回路，控制效果无法单独得知，所以前馈控制不能单独使用，一般都要和负反馈控制组合成复合控制系统，由前馈控制系统克服难控的主要干扰，而由反馈控制克服其他次要的干扰及监控前馈控制产生的效果，使控制品质得以提高。

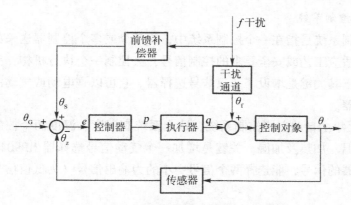

图1-22 前馈—反馈复合控制系统框图

3. 分程控制系统

这是目前空调全自动控制系统中，常采用的一种节省投资、能达到预期工艺要求的控制方法。它在维持一个被控制参数时，一个控制器在不同输出范围内控制不同的、带阀门定位器的执行机构，改变不同种类的控制量。分程控制可以是电动机，分程输出信号一般为0~4V、4~7V、7~10V；也可以是气动的，分程输出信号一般为0.2~0.6MPa、0.6~1.0MPa。图1-23为一般空调分程控制的示意图。

在冬季，控制器的输出在0~4V范围内，执行器是热水加热器的电动二通阀。随着控制器输出信号的增大，两通阀关小，在4V时二通阀全关，这表示冬季结束，过渡季节开始。在过渡季节，控制器输出在4~7V范围，这时新风阀受控。在4~5V时新风阀保持最小开度，以保证卫生要求；随着输出信号的不断增大，新风阀也不断开大，充分利用自然冷源，节省能量；到7V时，新风阀开足，标志着过渡季节结束，夏季工况开始。此时，冷水阀受控，随室外温度升高，控制输出也增大，对应冷水阀开度也增大，以适应冷负荷的需要。如此一个控制器，在不同季节控制不同的阀门与执行器，可以完成全年的空调自动控制。

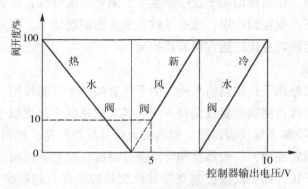

图 1-23　空调分程控制示意图

4. 自动选择控制系统

自动选择控制系统是指在一个控制系统中,将两个或多个控制器送来的信号,通过信号选择器选择出适应工艺或安全要求的控制信号,去控制一个执行机构,完成全自动控制的任务。可以看出其关键是增设了一只信号选择器。它可以是电动或气动的,可以是高值或低值信号选择器。

图 1-24 为全年全自动空调控制系统,这个系统有温度、湿度两个控制系统,三个执行器分别控制降温、加热及加湿。关键是增加一个气动信号选择器 RP904A,它接受来自温度和湿度控制器的信号,能选择两个信号中小的为输出信号(为低值信号选择器,反之为高值)。

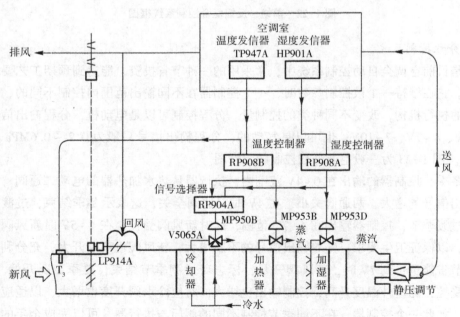

图 1-24　全年全自动空调控制与自动选择控制

例如，室内湿度符合给定值要求，而温度太高时，则温度控制器输出低值信号；低值信号选择器 RP904A 让温度低压控制信号通过，而阻挡了湿度信号；气动薄膜三通调节阀 MP950B 动作，加大冷却水量，使空气降温；与此同时，湿度亦随降温而下降，结果湿度控制器的输出信号增高，会加大喷蒸汽量，使湿度回复给定值。此时，冷却器的湿度控制信号被低值选择器阻挡，保证系统正常运行。

三、计算机控制系统

近几十年来，随着高性能微型计算机的不断推出，面向控制的单片微型计算机（亦称微控制器）的大量生产和广泛应用，大大促进了机电一体化进程的发展。同时，随着能源形势日趋紧张，现代化生产的规模越来越大，对节省能源和自动控制的要求越来越高，微型计算机控制系统就愈发显示出其无可争辩的优越性。

制冷、空调设备采用微机控制，其功能、等级及节能效果可以发生质的飞跃。如美国约克公司生产的 YORK. TURBO 微型机控制变频式冷水机组，比同容量高效节能机组（能效比高达 6.1）全年节能量还多 30% 左右；日本生产的微型模糊控制变频涡旋压缩机式豪华型空调器，功能多达十几种，性能指标非常先进，是普通空调器无法相比的。由此可见，微型计算机是提高产品性能、节能及实现综合自动化的有力工具。

普通负反馈控制系统框图如图 1-2 所示。用计算机代替控制器，就构成了如图 1-25 所示的微型计算机控制系统。在这个系统中，利用微型计算机强大的运算、记忆、存取功能，编制适合于被控对象特性的程序，执行这样的程序，就能实现被控参数的控制、记录、超限报警、安全保护等。

在计算机控制系统中，计算机内运算、输入、输出都是数字信号，因此，在微型计算机的输入端必须加 AZD 转换器，将模拟信号转换为数字信号；在输出端必须加 D/A 转换器，将数字信号转换为模拟信号，去控制执行器。

计算机控制系统的控制过程可归结为实时数据采集、实时决策和实时控制三个步骤，三个步骤的不断重复就会使整个系统按照给定的规律进行控制、监督、超限报警和过载保护等。对微型计算机来讲，控制过程的三个步骤只是执行输入操作、运算和输出操作。

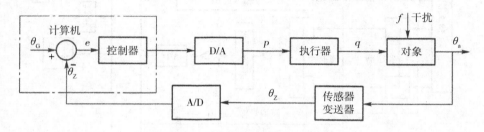

图 1-25　微型计算机控制系统方框图

根据微型计算机控制系统的应用特点，微型计算机控制系统可分为数据采集和数据处理系统、直接数字控制（DDC）系统、监督控制（SCC）系统、集散控制（DCS）系统和可编程逻辑控制器（PLC）控制系统。

（1）数据采集和数据处理系统。微型计算机在进行数据采集和数据处理时，运用其功能强大、运算速度快和存储量大的特点，对大量的生产过程和状态参数进行巡回检测、数据记录、运算、统计分析和超限报警等。这种应用方式微型计算机不直接参与控制，仅为人们提供控制的指导与建议。图 1-26 为计算机数据采集、处理系统方框图。

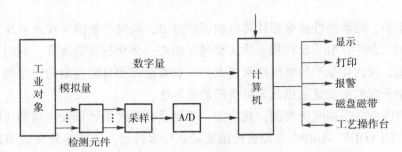

图 1-26　计算机数据采集和数据处理系统方框图

（2）直接数字控制（DDC）系统。DDC 是目前国内外应用较为广泛的一种计算机控制。在这种控制中，计算机将其控制运算的结果，以数字量或转换为模拟量直接控制、监督生产过程，因此称为直接数字控制。实质上，DDC 控制器是一种以微型计算机为核心、带有输入输出通道的多回路数字控制装置。图 1-27 为 DDC 控制系统方框图。

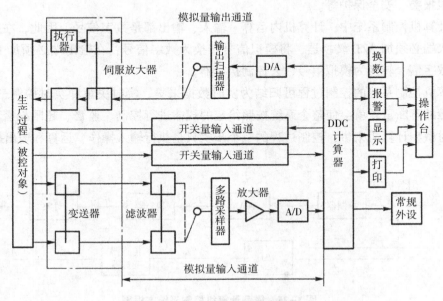

图 1-27　DDC 控制系统方框图

　　DDC 控制器利用多路采样器按顺序对多路被测参数进行采集，经放大、A/D 转换输入计算机，计算机按预先编制的控制算法，分别对各路参数进行比较、分析、计算，最后将计算结果经 D/A 转换器、输出扫描器按顺序送至相应的执行器，实现对生产过程各被控参数的调节和控制。

　　DDC 控制器不仅能完全取代模拟控制器，实现几个、几十个甚至上百个回路的 PID 控制，而且无需调换硬件，即可通过改变控制程序来改变系统的控制规律，更可以通过程序编制实现前馈控制、最优控制、模糊控制等一些模拟控制器无法实现的复杂控制。

　　DDC 控制系统除了有强大的控制功能外，还有参数巡检、数据显示、在线修改参数、打印制表、超限报警、故障诊断等功能。由于 DDC 控制系统的这些优点，使其在制冷空调中的应用十分广泛。

　　（3）监督控制（SCC）系统。计算机监督控制简称 SCC 系统。在 SCC 系统中，计算机按照描述生产过程的数学模型，计算出被控参数的最佳给定值，送给模拟控制器或 DDC 控制器，由模拟控制器或 DDC 控制器控制生产过程，使生产过程始终处于最佳运行状态。图1-28 为 SCC 加模拟控制器的控制系统方框图，它适合于老系统改造。图 1-29 为 SCC 加 DDC 的控制系统方框图，适用于新建系统。

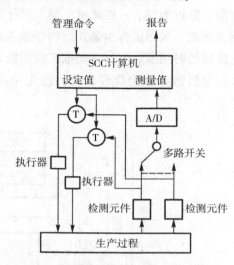

图 1-28　SCC 加模拟控制器控制系统方框图

　　SCC 比 DDC 控制系统有更大的优越性，更接近实际生产过程，它不仅可以实现定值控制，还可以实现顺序控制、最优控制、自适应控制等。它是操作指导系统和 DDC 系统的综合与发展，当系统中的模拟控制器或 DDC 控制器出现故障时，可用 SCC 代替进行工作，因此大大提高了系统的可靠性。

　　（4）集散控制（DCS）系统。随着工业现代化的发展，生产规模不断扩大，生产工艺日趋复杂，于是对生产过程自动控制系统提出了更高的要求，不但要有优越的控制性能、适宜的性价比、良好的可维护性，还要有高可靠性、灵活的构成方式和简单的操作方法。模拟仪表控制系统和 DDC 控制系统很难同时满足这些要

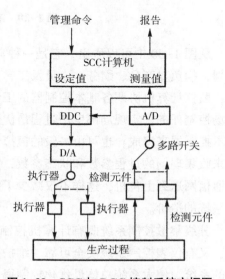

图 1-29　SCC 加 DCC 控制系统方框图

求，于是分级集散控制系统（又称总体分散式控制系统）就在这种形势下于 20 世纪 70 年代应运而生。

DCS 发展的理论基础是大系统理论。大规模生产的自动控制系统乃是一个大系统，大系统理论证明，集散控制系统是实现大系统综合优化控制最理想的方案，比较合理地吸收了仪表控制系统和 DDC 控制系统的优点，有效地克服了两者的缺点，被公认是目前最先进的过程控制系统。

集散控制系统是 4C 技术（计算机、通信、控制器、显示技术）相结合的产物。它以微型计算机为核心，把系统、显示操作装置、过程通道、模拟仪表、DDC 控制器等有机地结合起来，采用组合组装式结构组成系统，为实现大系统综合优化自动控制创造了条件。它出现的时间虽然不长，但推广应用极为迅速，目前，无论是大型工业自动化模式，还是大型建筑物自动化管理系统，已无一不是 DCS 结构。图 1-30 是集散控制系统构成方框图。

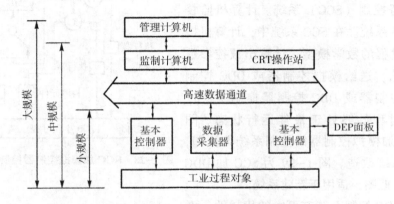

图 1-30　集散控制系统构成方框图

从图 1-30 中可以看出，它是一种典型的分级分布式结构。管理计算机完成制订生产计划，担负对产品、财务、人员及工艺流程进行管理的任务，以实现生产过程静态最优化；监控计算机协调各基本控制器的工作，实现生产过程动态最优化；基本控制器则完成现场控制任务，实现局部生产过程最优化。系统中现场控制的任务不但可由带通信装置的基本控制器来完成，也可由一般的模拟仪表或可编程控制器（PLC）来完成。数据采集器用来收集现场的过程参数和状态参数，它和基本控制器在现场对信号预处理后，经高速数据通信网送到上位机，这样不仅减少了上位机的负荷，而且也减少了现场电缆铺设，降低了系统的造价。

分级集散控制系统既有计算机控制系统的控制方式先进、精度高、响应速度快的优点，又有仪表控制系统安全可靠、维护方便的优点。这种以任务分散、风险分散的思想构成的系统，使大系统总体最优化控制得以实现，使系统的可靠性大大提高。DCS 的这些优良性能使其发展、推广非常迅速，可供选用的产品也非常多。

（5）可编程控制器（PLC）控制系统。可编程控制器是一种专为在工业环境下应用而设计的数字运算操作电子系统。它采用可编程存储器，用于存储用户软件，并通过输入、输出接口控制生产过程。它是按照成熟而有效的继电器控制概念和设计思想，利用不断发展的新技术、新电子器件逐步推出的新型工业控制器。实践已经证明，PLC已成为解决自动控制问题最有效的工具。

PLC硬件方框图如图1-31所示。它的硬件主要由CPU、I/O接口和存储器三部分组成，编程器及其他可选件的配用可使PLC功能更强。

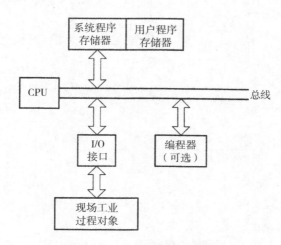

图1-31　PLC硬件方框图

PLC有如下优点：

①可靠性高，抗干扰能力强。由于采用了高可靠性的设计、制造，再加上有较强的自诊断功能，可靠性高，平均故障间隔时间（MTBF）长，故障修复时间短。在软件、硬件上均采用了一系列防干扰措施，抗干扰能力强。

②控制程序可变，具有很好的柔性。根据不同生产工艺要求，PLC控制器仅需编程，将所用软件继电器软连接组态即可。若工艺改变，仅需改变程序，使用十分灵活，适应性也较强。

③编程简单，使用方便。PLC大多采用工程技术人员熟悉的继电器控制形式的"梯形图"编程语言，编程简单，使用方便。

④功能完善。现代PLC具有DI/O、AI/O接口，逻辑运算、算术运算、定时、顺序控制、功率驱动、通信、自诊断、人机对话、记录和显示等功能，使系统构成简单，控制水平大大提高。

此外，PLC产品结构具有开放性，有各种扩充单元可选，扩展方便，构成灵活；PLC能事先进行模拟调试，减少了现场调试工作量；自诊断功能强，大大减少了维修工作量；体积少，重量轻，是实现产品机电一体化的特有产品。

PLC主要用于开关量占主导地位的顺序控制、过程控制、数据处理及通信联网等控制系统，其应用遍布工业生产的各个领域。近几年，我国制冷空调行业也开始使用PLC，如某些型号的吸收式制冷机、离心式冷水机组已采用PLC。随着PLC技术的迅速发展和运用，相信会有更多的PLC控制的制冷空调产品问世。

第二章　制冷空调装置自动控制系统常规控制器

制冷空调装置要实现正常运行，并按照控制规律达到规定的运行参数指标，必须建立自动控制系统。控制器是制冷与空调系统中确保被测热工参数达到预定要求的检测和控制器件。常用的有温度控制器、湿度控制器、压力（差）控制器、液位控制器和程序控制器。

第一节　温度控制器

本节主要通过制冷与空调系统中温度控制任务，介绍双金属式温度控制器和电子式温度控制器等的基本结构、工作原理和使用场合，了解常用温度控制器的型号、基本技术参数和性能特点，并能正确选用。

制冷与空调系统中的温度控制器（又称温度继电器或温度开关，简称温控器）可以根据冷冻（冷藏）库、房间和回风等处温度高低，利用感温元件，将温度的变化转换成电器开关接触点切换的变化，达到控制压缩机的开停和水量调节阀的通与断，使温度保持在选定范围内的目的，其控制规律通常采用双位控制。例如，在单机单库场合，可用温度控制器直接控制压缩机停、开，使库温稳定在所需的范围内。在单机多库的制冷装置中，温度控制器是和电磁阀配合使用，对各库的温度进行控制。

温控器的控制方法一般分为两种：一种是由被冷却对象的温度变化来进行控制，多采用蒸汽压力式温度控制器；另一种是由被冷却对象的温差变化来进行控制，多采用电子式温控器。由于温度不能直接测量，只能借助于温度变化时物体的某些物理性质（如几何尺寸、电阻值、热电势、辐射强度、颜色等）随之发生变化的特性来进行间接测控。

温控器分为以下几种。

①膨胀式。分为金属膨胀式温控器和液体膨胀式温控器。如双金属片温度控制器、电触点水银温度计。

②机械式。分为蒸汽压力式温控器和气体吸附式温控器。其中蒸汽压力式温控器又分为：充汽型、液汽混合型和充液型。如压力式温度控制器。

③电子式。分为电阻式温控器和热电偶式温控器。如电子恒温控制器。

一、双金属式温度控制器

双金属温度控制器是由两条焊在一起的不同金属片构成。两种金属通常是采用黄铜与钢，铜比钢的膨胀系数大，随着温度增加它比钢的膨胀量大，这样双金属片将随温度的升高而弯曲变形，金属片的弯曲动作使控制电路中触点开启或关闭，金属片弯曲动作如图2-1所示。

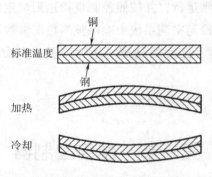

图 2-1　温度变化与双金属片弯曲变形

另一种常见的开关形式是水银接点开关，它被装在卷绕的双金属片的一端。这种形式的温控器最适用于空调和供热温控器。

图2-2所示为双金属盘管式温度控制器，当盘管周围的空气变冷时，盘管收缩，温包向下倾斜，致使水银向下流动。触点不再闭合，制冷机组处于关闭状态。当供热循环时，情况恰好相反。

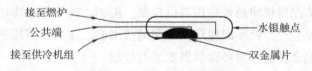

图 2-2　水银双金属式温控器

二、电子式温度控制器

近年来，随着电子技术的迅猛发展，电子元件的高度集成化和价格的降低，性能和可靠性的提高，电子温度控制技术和控制功能的日趋完善，电子式温度控制器已为众多冷冻冷藏和空调厂家采用。电子式温度控制已被视为高档、高技术含量的换代产品。

这种温度控制器主要以金属导体或半导体的电阻为感温元件，利用它的电阻值能随温度变化而明显地改变，并呈一定函数关系这一特性而制成的。其感温元件常用的有铂热电阻、铜热电阻和热敏电阻。

　　热敏电阻电子式温度控制器是由感温元件（负温度系数热敏电阻）、放大器、直流继电器和电源变压器等组成，其基本电路如图 2-3 所示，根据热敏电阻独特的感温特性而用于空调器的温度控制电路中，采用直流单臂（惠斯登）电桥原理制成，将热敏电阻 W 与可变电阻器 R_1 一起连接在电路中，温度信号通过电路进行放大，再通过继电器 KM 来控制压缩机用电动机的运转和停机。

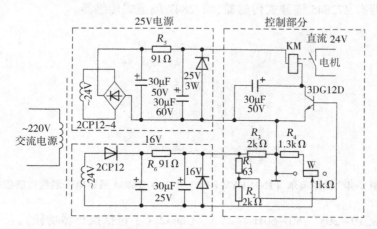

图 2-3　热敏电阻电子式温度控制器电路

　　近年来，电子式温度控制器，一般以可编程序（单片微处理器）IC 为核心，采用集成电路，配以热敏元件作温度传感器；配以按钮或电位器作为参数设定输入；配以继电器或光隔离固体开关作为执行元件；配以发光二极管、数码管或液晶板作为显示元件等硬件组成。通过单片微处理器预编的程序对各项输入进行处理后对制冷系统的压缩机、电动风门、电风扇、除霜加热管等电气部件输出控制。

　　其输入有各间室温度输入（各间室独立温度设定和传感）、除霜温度输入（除霜 OFF 和ON 温度预设定和除霜温度传感）、强制除霜开关和电动风门开关（风门位置舌簧开关）。

　　其输出控制功能如下。

（一）温度控制功能

1. 各间室储藏温度控制

通过控制压缩机和风扇电机开停，电动风门开闭控制各间室储藏温度处于所设定的范围。

2. 自动除霜进入和退出温度条件控制

确保冰箱必须经过制冷并达到预定的低温时才可进入除霜；除霜区域温度达到预定的温度时退出除霜。

（二）时间控制功能

1. 自动除霜时间控制

累计压缩机运行时间达到预定时间时，自动进行除霜。

2. 压缩机开、停间隔时间控制

霍尼韦尔（HONEYWELL）T7984/T6984 系列电子温度控制器如图 2-4 所示。T7984/T6984 是以微处理器为核心的温度控制器，提供比例积分控制，用于 HVAC（Heating, Ventilation and Air Conditioning 供热通风与空调工程）系统。T7984 系列不仅提供模拟信号控制，其可选功能还包括冬夏模式自动转换、VAC 再热控制、夜间节能控制、远程传感器。外接传感器有 272845 墙装式传感器、272847 风道式传感器。

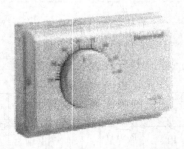

图 2-4 霍尼韦尔（HONEYWELL）T7984/T6984 系列电子温度控制器

电源：交流 19~30V，50~60Hz，2VA，Class2（不包括执行器功耗）。

工作环境：相对湿度 5%~95%，温度 0~40℃。

精度：1℉（0.4℃）。

设定范围：T7984A，C，E：13~32℃；T7984B，D，加热：13~24℃；T7984B，D*，制冷：24~32℃。

外接传感器：47kΩ NTC 热敏电阻。

模拟输出：2~10V（DC）或 4~20mA。

T7894 可用于 70 系列风门执行器如 ML7161、ML7284，或水阀门执行器如 ML7421、ML7984；所有型号均带温度拨盘；所有型号均输出信号 LED 显示；夜间节能控制即可集中控制，又可现场手动实现；冬夏模式自动转换可选 1.5℃ 或 3℃ "零能量带"；再热型可选择快、慢两种模式以配合系统的动态特性；每个控制器均带水平和竖直两种面板。

第二节　湿度控制器

本节主要通过制冷与空调系统中湿度控制任务，介绍干湿球湿度控制器、氯化锂湿度控制器和电容式湿度控制器等的基本结构、工作原理和使用场合，了解湿度控制器的型号、基本技术参数和性能特点，并能正确选用。

表示空气中水汽多寡亦即干湿程度的物理量，称为空气湿度。湿度的大小常用水汽压、绝对湿度、相对湿度和露点温度等表示。

相对湿度是空气中实际水汽含量（绝对湿度）与同温度下的饱和湿度（最大可能水汽含量）的百分比值。它只是一个相对数字，并不表示空气中湿度的绝对大小。

在日常生活中，人类居住和贮存物质的空间也是一个人工环境。空气过湿，将使人们感到沉闷和窒息；空气过燥，又会使人的口腔感到不适，甚至可能发生咽喉炎等疾病。空气湿度过大，烟草、粮食、茶叶、种子等极易受潮而损坏：烟草、粮食、茶叶会变味发霉，种子发霉会不发芽；很多化学品及药品受潮后均可引起成分、性状的变化，一些西药、中成药、中药材等受潮后会使成分及药效降低或发生不良变化，长霉后会造成报废，香料会丧失香气，瞬间黏结剂会固化等；复印机墨粉、粉状药品、粉末冶金材料、粉末化学材料以及奶粉、咖啡等粉末材料受潮后会产生潮解、结块或性状及化学成分产生变化，导致丧失功效，从而影响使用或造成报废；光谱仪及高精度天平等精密仪器，块规等精密量具以及其他精密测量、计量、加工、实验等精密机械产品和高亮度金属物品，即使微量水分所造成的氧化，也会造成失准、精度下降、亮度降低，导致工作性能下降甚至报废；而现代精密仪器往往具有电子部件，受潮后也会导致故障。如果能系统自动控制这个最常见的空间，人们的生活将更舒适。

湿度控制与温度、压力等参数控制差异较大，测量的基本方法有露点温度测量法、干湿球温度测量法。各种湿度控制器的差异，也是由于测湿与信号转换方法的不同而形成，测湿的原理通常有两种：一是基于某些物质的吸水而改变其形状和尺寸的特性，它们取决于空气的相对湿度，可以使用人的头发、木材、纤维和其他物质。二是采用电子仪器测量相对湿度，通过使用一种能够随含湿量而改变导电系数的材料进行测量，操作时只需要将敏感元件放入被测环境即可测量其相对湿度。

湿度控制器分为机械式湿度控制器和电子式湿度控制器两大类。常用的有干湿球湿度控制器、氯化锂湿度控制器和电容式湿度控制器等。

一、干湿球湿度控制器

干湿球湿度传感器是根据干湿球温度差效应原理制成的。所谓干湿球温度差效应，就是潮湿物体表面水分蒸发而冷却的效应，其冷却程度取决于周围空气的相对湿度。相对湿度越小，蒸发能力越大，潮湿物体表面温度（湿球温度）与干球温度差越大；反之，相对湿度越大，蒸发能力越小，潮湿物体表面温度（湿球温度）与干球温度之差越小。因此干湿球温度差与空气的相对湿度形成了一一对应的关系。

通常将干湿球传感器与控制器配套使用，组成干湿球湿度控制器。干湿球温度的测量，可以采用温包、镍电阻、铂电阻或热敏电阻等测湿传感元件，分别得到双位或比例积分控制规律。为使湿球温度计表面风速保持4m/s，传感器上均装有专用小风扇。干湿球湿度传感元件在低温时相对误差较大，因为温度降低时，干湿球温差显著减小。为防止湿球温度计纱布套结冰，可在蒸馏水中加入甲醛（福尔马林）水溶液，也有按1：2的比例把氨通入水中（由于氨味臭，较少用）。

图2-5是一种采用温包为感湿元件的干湿球湿度控制器的结构工作原理图。两只温包，其中一只套有纱布，纱布一端浸在盛水容器内并保持经常的湿润，一干一湿的两只温包将相对湿度 Φ 转变为温度差，再通过毛细管，波纹管转变为压力差，最后使拨盘产生位移拨动电触点，于是控制器发出电信号，启动或停止加湿器或减湿器工作。

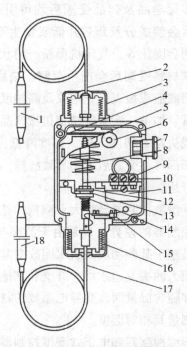

图 2-5　干湿球温包式湿度控制器

1—低温温包（湿球）　2—毛细管　3—低温波纹管组件　4—调节盘　5—主标尺　6—接线柱
7—电缆线引入孔　8—调节弹簧　9—接线柱　10—主轴　11—开关　12—上导钮　13—拨臂
14—下导钮　15—接地线　16—高温（干球）波纹管组件　17—毛细管　18—高温温包（干球）

如图2-6所示TH型干湿球湿度控制器方框图，其感湿元件由干湿球及各一支微型套管式镍电阻、半透明塑料盛水杯和浸水脱脂纱布套管等组成，与TS系列湿度控制器配合，可以实现湿度偏差指示、双位、比例积分、比例积分微分调节，可输出继电器开关信号和连续电流输出信号（0~10mA）。同样，为使湿球表面风速保持在4m/s，传感器上装有微型轴流吸风风扇。

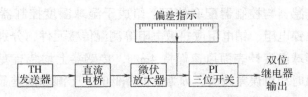

图 2-6　TH 干湿球电阻式湿度控制器方框图

二、氯化锂湿度控制器

常用的氯化锂湿度控制器有电阻式和加热式两种。

（一）电阻式湿度控制器

图 2-7 所示是一种氯化锂电阻式湿度控制器测头。把成梳状的金属箔或镀金箔制在绝缘板上（或用两根平行的铱丝或箔丝绕在绝缘柱上），组成一对电极，表面涂上一层聚乙烯醇与氯化锂混合溶液做成的感湿膜，保证水气和氯化锂溶液有良好的接触。二组平行的梳状金属箔本身并不接触，仅靠氯化锂涂层使它们导电且构成回路，其阻值变化由两电极反映出来。当空气中的相对湿度改变时，氯化锂涂层中含水量也改变，其电阻值也随之相应发生变化。若以此电阻信号与给定值进行比较，其偏差（电流信号）经放大后作为控制器的输出，就构成了一台氯化锂电阻式湿度控制器。

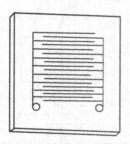

图 2-7　氯化锂电阻式湿度控制器测头

图 2-8 所示为氯化锂湿度控制器，适用于 0～40℃ 的环境。氯化锂测头的测量范围、环境温度通常都有明确的限制，当控制的湿度范围不同时，应采用不同规格的湿度控制测头。在 10%～95% 区域内，根据测量需要，通常将氯化锂含量涂层的测头分成五组不同规格。图 2-9 显示了各种氯化锂含量传感器的相对湿度与电阻值的关系曲线。最常用的规格是 45%～70%。

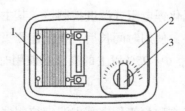

图 2-8　氯化锂湿度控制器

1—湿度控制器测头　2—湿度设定值　3—湿度调节旋钮

氯化锂测头量程较窄，为了满足宽量程的需要，要用多个测头。有些厂家将氯化锂测头在45%~95%范围内分成三组，并涂以颜色标记，如红色为45%~60%，黄色为60%~80%，绿色为75%~95%。也有的厂家将相对湿度从5%至95%，分成四组测头：5%~38%、15%~50%、35%~75%、55%~95%，最高安全工作温度为55℃。使用者必须根据需要，选择合适的湿度测头安装使用，并定期检查更换。由于环境温度对氯化锂的阻值变化有影响，因此较先进的氯化锂电阻式湿度测头均带有温度补偿线圈。其方法是选择适当电阻值的线圈，与氯化锂测头分别测量电桥的两个相邻桥臂，形成环境温度补偿回路，可以减少甚至消除温度变化对湿度传感器的影响。

为避免氯化锂电极产生电解作用，电极两端必须连接交流电，而不可使用直流电源。使用时可以根据所需调节的空气相对湿度范围和环境温度，按厂家所给出的性能曲线，决定调节旋钮的位置。图2-8中调节旋钮3是一个可变电阻（电位器），由它来决定湿度双位控制器的给定值。

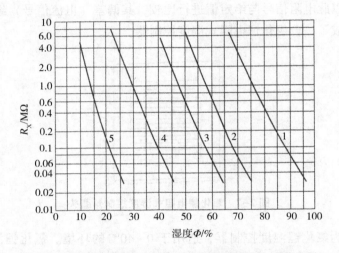

图2-9　各种氯化锂测头的电阻值与相对湿度之间的关系

1—纯聚乙烯醇缩醛涂层、无氯化锂　2—0.25%氯化锂　3—0.5%氯化锂　4—1%氯化锂　5—2.2%氯化锂涂层

氯化锂电阻式湿度控制器的优点是结构简单、体积小、反应速度快，吸湿反应速度比毛发大11倍，放湿反应速度大1倍多；精度高，可以测出相对湿度±0.14%的变化。故较高精度的湿度调节系统采用氯化锂电阻式湿度控制器。其主要缺点是每个测头的湿度测量范围较小，测头的互换性较差，使用时间长后，氯化锂测头还会产生老化剥落问题。当氯化锂测头在空气参数$T=45℃$，$\Phi=95\%$以上的高湿区使用时，更易损坏。

（二）加热式湿度控制器

加热式氯化锂湿度控制器亦称为氯化锂露点湿度控制器。在相同温度下，氯化锂饱和溶液的蒸汽分压力仅为水蒸气分压力的11%~12%。如要二者压力相等，则需将氯化锂溶液温度升高，如从T_A升高至T_B，则氯化锂溶液在T_B时蒸汽压力与水在T_A时的蒸汽压力相等。

图 2-10 所示为加热式氯化锂湿度控制器的原理图与结构图。根据上述原理，在湿度测头刚通电时，测头的温度与周围空气的温度相等，测头上氯化锂溶液的蒸气分压力低于空气中水蒸气分压力。氯化锂涂层从空气中吸收水分，呈溶液状，电阻迅速减小，通过的电流加大，测头逐渐被加热，氯化锂溶液中的水蒸气分压力逐渐升高。当测头温度升到一定值后，氯化锂中的水蒸气分压力等于周围空气的水蒸气分压力，而达到热湿平衡，氯化锂逐渐形成结晶状态，此时二电极间的电阻逐渐增大，电流减小，此后测头加热量不再增加，维持在一定温度上。因此根据空气中水蒸气分压力的变化，测头就有一对应的平衡温度。测得测头的温度，就可知空气中水蒸气分压力的大小，水蒸气分压力是空气"露点"的函数，因此得出测头的温度，就可知空气的"露点"温度。

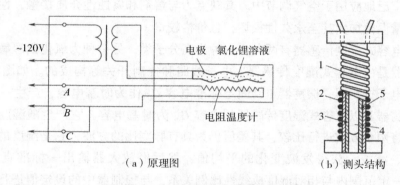

（a）原理图　　　　　　　　　（b）测头结构

图 2-10　加热式氯化锂湿度控制器

1—氯化锂溶液涂层（干后使用）　2—加热铂丝　3—铜管　4—铂电阻温度计　5—玻璃纤维套

图 2-10（b）所示是这种形式的测头结构，装在加热式氯化锂湿度控制器中的铂电阻温度计 4（或热敏电阻），在仪表刻度上可用"露点"温度表示出来。知道了"露点"温度和空气的干球温度后，即可计算（查出）空气的相对湿度。实际上这样的测量空气湿度问题，转化成了测定测头的温度问题。该测头为一直径为 3.5mm 的薄铜管 3，经绝缘处理后，装上玻璃纤维套 5，并在玻璃纤维套 5 上绕制二根平行的铂丝电极，再浸入氯化锂溶液，干后形成涂层，铜管 3 内有一对测温用的铂电阻温度计 4，通电后，测头将发热，建立起氯化锂溶液与周围空气的水蒸气分压力新的热湿平衡。若在"露点"温度计上读出"露点"温度，如"露点"温度为 4.5℃，空气干球温度为 20℃，则相对湿度为 $\Phi=36\%$。

这种湿度控制器的优点是每个测头可以有较宽的测量范围。湿度范围为 3% ~ 100%，温度范围为 15~50℃ 时，可以有效地使用加热式氯化锂湿度控制器。但在低温低湿区，这种测头是无法测量的。

三、电容式湿度控制器

电容式湿度控制器的基本原理是：对一定几何结构的电容器来说，其电容量与二极间

介质的介电系数 ε 成比例关系。不同物质，ε 值互不相等，一般介质 ε 值在 2~5 之间，但水的 $\varepsilon=81$，比一般物质大很多。电容式湿度控制器就是利用这个特点制成的，当空气中含有的水分变化时，能引起电容器电容值的变化，这个变化与空气中含水量有线性关系，但电容介质损耗与介质湿度也有关，湿度越高，则损耗越大，损耗大对测量精度是不利的。如损耗很大，甚至无法测出电容量的变化。因此，电容式湿度控制器常用于低湿区的湿度测量，而低湿区的湿度测量却是前面几种湿度传感器的薄弱环节。国际上大约在 20 世纪 80 年代初研制成功，并且用于空调的湿度控制环节中，它具有性能稳定、精度高（±3.5%RH）、测量范围宽（0~100%RH）、响应快、线形及互换性能好、使用寿命长、不怕结露、体积小、几乎不需要维护保养和安装方便等优点，被公认为理想的湿度传感元器件。故被广泛地应用于空气调节中。其缺点为与溶剂和腐蚀性介质接触，性能会受到影响，引起测量误差加大甚至永久性损坏，且价格较贵。

常见的电容式湿度传感器有两种：一种为高分子类，另一种为氧化铝湿敏电容。电容式湿度控制器是由电容式湿度传感器、电子线路和控制开关等构成的。如图 2-11 所示，图中有两个电子振荡器，振荡器 I 以固定标准电容 C_0 作为时基电容，产生一固定脉宽比的方波。振荡器Ⅱ以电容式湿度传感器的电容 C_Φ 为时基电容，它产生随湿度而变化脉宽比的方波。将两个方波进行比较，其差值仍为具有脉宽比的方波，它是湿度的函数。将此方波经整流、滤波，获得发波变化的平均值，然后经放大器输出一标准直流电压信号 0~10V，在一定范围内与相对湿度成线性比例关系，与控制器中的设定值进行比较后，发出相应的控制信号。

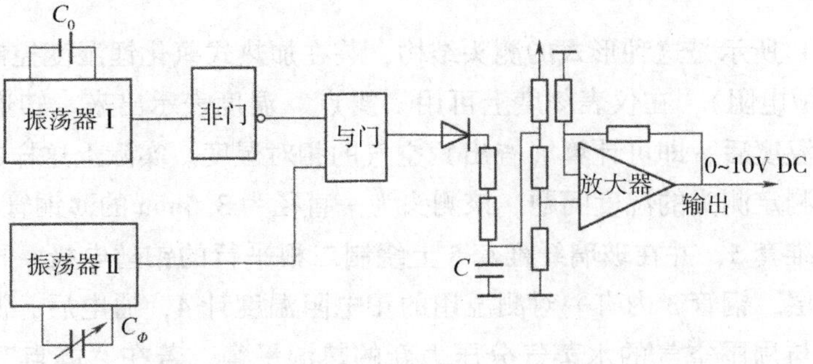

图 2-11 电容式湿度传感器

图 2-12 所示是某电容式湿度控制系统结构原理图，该控制系统通过单片机 AT89C51 及其各种接口电路来实现湿度的检测。其工作原理是：电容式相对湿度传感器的电容值随着湿度的变化而线性的变化，通过信号检测和转换电路（F/V）将变化的电容转换成与之对应的变化的电压，再由 A/D 转换器把模拟电压信号转换为数字信号并送入单片机 AT89C51 中，单片机对采集到的信号进行滤波处理并通过查表得到实际测量的湿度值，之后通过单片机的各外部接口电路显示该湿度值，或通过其与上位机的接口把此值送入上位机进衍保存及打印等操作。下位机以单片机 AT89C51 为核心，配以湿度检测和传送电路

（F/V）、A/D 转换电路、存储器电路、时钟电路、串行通信电路、键盘和 LED 显示电路及电源电路等组成。

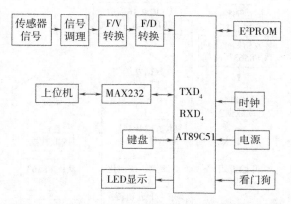

图 2-12 AT89C51 电容式湿度控制系统结构原理图

本系统的湿度传感器采用高精度的 HS11000 电容式相对湿度传感器，它采用电容式湿度敏感元件，其特点是尺寸小、响应时间快、线性度好、温度系数小、可靠性高和稳定性好。在相对湿度为 0~100%RH 范围内，电容量由 162pF 变到 200pF 时，其误差不大于±2%RH，而且响应时间小于 5s，温度系数为 0.04pF/℃，可见该湿度传感器受温度的影响是很小的。

图 2-13 所示为湿度检测和传送电路的原理图。该电路的作用是将被检测出的湿敏元件参数的变化转化成电压变化使其能满足 A/D 转换电路的要求。该部分电路由自激多谐振荡器、脉宽调制电路和频率/电压转换器 LM2917 电路组成。

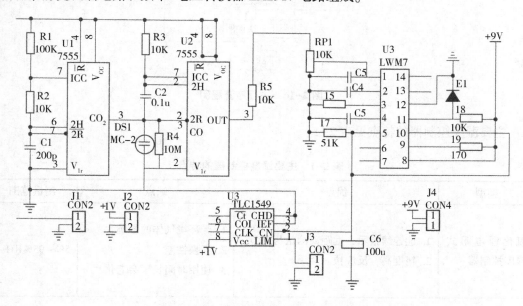

图 2-13 湿度检测和传送电路的原理图

其主程序流程图如图 2-14 所示。

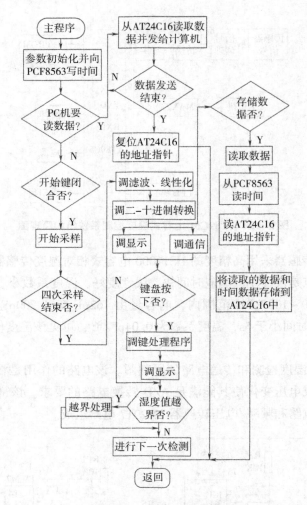

图 2-14　主程序流程图

主要湿度控制器的特点见表 2-1。

表 2-1　主要湿度控制器的特点

类型	优点	缺点	测量范围
氯化锂电阻式湿度控制器	1. 能连续指示，远距离测量与调节 2. 精度高，反应快	1. 受环境气体的影响大 2. 互换性差 3. 使用时间长了会老化	5%~95%RH

续表

类型	优点	缺点	测量范围
氯化锂加热式湿度控制器	1. 能直接指示露点温度 2. 能连续指示，远距离测量与调节 3. 不受环境气体温度影响 4. 使用范围广 5. 元件可再生	1. 受环境气体流速的影响和加热电源电压波动的影响 2. 受有害的工业气体影响	露点温度 −45～70℃DP
电容式湿度控制器	1. 能连续指示，远距离测量与调节 2. 精度高，反应快 3. 不受环境条件影响，维护简单 4. 使用范围广	1. 价格贵 2. 对油质的污染比较敏感	10%～95%RH

第三节 压力（差）控制器

本节主要通过制冷与空调系统中压力（差）控制任务，介绍压力（差）控制器的基本结构、工作原理和使用场合，了解压力（差）控制器的型号、基本技术参数和性能特点，并能正确选用。

在制冷与空调系统中，压力和温度之间有一定的对应关系，通常利用控制蒸发压力和冷凝压力的方法来控制蒸发温度和冷凝温度。另外，制冷与空调生产中使用了大量的压力容器和制冷机器，这些装置要在一定的压力范围内工作，非常有必要对其压力进行检测和控制，采用了各种类型的压力（差）控制器。

压力控制器又叫压力继电器，是一种用压力控制的电路开关，主要用于制冷系统压力调节和危险压力保护。按压力高低可以分为低压压力控制器和高压压力控制器。低压压力控制器在制冷系统中的蒸发压力低于设定值时，能切断电源，使压缩机停机，待压力回升后恢复开机。高压压力控制器是当制冷系统的冷凝压力超过设定值时，能及时切断电源，使压缩机停机，同时伴随灯光或铃声报警，起到安全保护和自动控制的作用。

压力控制器除了可以做成单体的高压控制器、低压控制器外，针对制冷机的某些使用场合往往会有对高压和低压同时控制的要求，将二者做成结构上一体的所谓高低压控制器。许多制冷装置中，还用低压控制器作压缩机正常启停控制器，对库温实行双位调节。

一、压力控制器

目前国内外普遍采用高低压控制器来分别控制高压与低压，高低压控制器是把两个压力控制器组合在一起，也有用两个单独的压力控制器来分别控制高压和低压的。图 2-15 所示为压力控制器的典型结构。图 2-16 所示为高低压控制器的结构图。图 2-17 所示是它们的开关动作图。

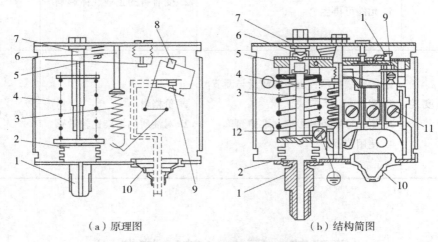

（a）原理图　　　　　　　　　（b）结构简图

图 2-15　压力控制器的典型结构

1—压力信号接口　2—波纹管　3—差动弹簧　4—主弹簧　5—杠杆　6—差动设定杆
7—压力设定杆　8—翻转开关　9—电触点　10—电线套　11—接线柱　12—接地端

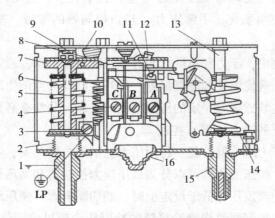

图 2-16　高低压控制器的结构（KP15 型）

1—低压接口　2—波纹管　3—接地端　4—端子板　5—差动弹簧　6—主弹簧　7—主杠杆
8—低压差动设定杆　9—低压压力设定杆　10—盖板　11—触点　12—翻转开关
13—高压压力设定杆　14—杠杆　15—高压接口　16—电线入口套

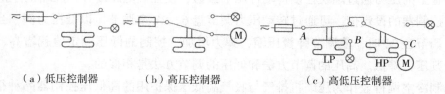

（a）低压控制器 （b）高压控制器 （c）高低压控制器

图 2-17 高低压控制器的开关动作

下面以 YWK 型高低压压力控制器为例，说明其工作原理，其结构及接线图如图 2-18 所示，图 2-18（a）左边为高压控制部分，右边为低压控制部分。

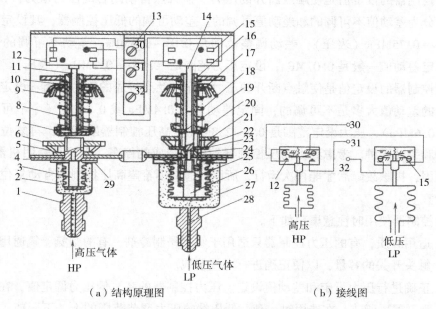

（a）结构原理图 （b）接线图

图 2-18 YWK 型高低压压力控制器

1，28—高、低压接头 2，27—高、低压气箱 3，26—顶力杆 4，24—压差调节座

5，22—碟形簧片 23，29—簧片垫板 6，21—压力（差动）调节盘 7，20—弹簧座

8，18—弹簧 9，17—压力调节盘 10，16—螺纹柱 11，14，19—传动杆 12，15—微动开关

13—接线柱 25—复位弹簧 30—外接电源进线 31—接事故报警灯或警铃 32—接触器线圈接线

低压气体通过毛细管进入低压波纹管，若低压气体的压力大于设定值时，由波纹管的弹力通过顶力杆 26，传动杆 19、14，传动到微动开关 15 的按钮上，使其按下而使控制电路闭合，压缩机正常运转。若吸气压力低于设定值时，则调节弹簧 18 的张力克服低压气箱 27 内波纹管的弹力，将顶力杆 26、传动杆 19 抬起，消除传动杆 14 对微动开关的压力，再由开关自身的张力使微动开关 15 的按钮抬起，于是控制电路断开，压缩机停转。

高压气体通过毛细管进入高压波纹管，当其压力小于设定值时，这时弹簧 8 的张力大于气体压力，将螺纹柱 10 抬起并消除传动杆 11 对微动开关 12 的压力。微动开关 12 触点靠自身弹力抬起，使控制电路闭合，压缩机正常运行。若压缩机排气压力超过调定值时，高压波纹管上的压力通过螺纹柱使传动杆压下按钮，使控制电路断开，压缩机停止运行。

压力控制器的设定值，可通过转动压力调节盘 6、21 来调节。以低压为例，当顺时针转动压力调节盘 21 时，使调节弹簧压缩，弹力增加，控制的低压额定值就增高，逆时针旋转时，则压力降低。高压的调节方法和低压的调节方法是相似的。

我国制冷空调行业作为压缩机排气与吸气高低压保护用的高低压控制器品种很多，如 FP214 型，KD155 型等，但这类高低压控制器均没有定值及差动刻度，不便于现场调试。近年来已被 YK-306 型、YWK-11 型等带刻度的高低压控制器取代，在国际上较有代表性的是丹麦 Danfoss 公司的 KP15 型。它们的结构与工作原理均相似。

低压控制器的设定值是使触点断开的压力。使触点自动闭合的压力值为：设定压力+差动值。分为差动值不可调的和差动值可调的。差动可调的低压控制器，其设定压力范围是-0.02~+0.75MPa（表压），差动调整范围是 0.07~0.4MPa。差动不可调的低压控制器，其同定差动值一般是 0.07MPa；设定压力范围是-0.09~+0.7MPa（表压）。

高压控制器的设定值是使触点断开的压力。允许触点接通的压力值为：设定压力—差动值。它的差动值大多是不可调的，固定差动值为 0.4MPa 或 0.3MPa（令不可调差动值为 0.18~0.6MPa），压力设定范围是 0.8~2.8MPa。高压控制器断开后，再复位接通的方式有自动和手动两种。考虑到由高压控制器动作所造成的停车，无疑是表明机器有故障，应查明原因，排除故障后才能再次运行，所以，通常不希望高压控制器自动复位，而以手动复位为宜。

压力控制器使用时注意事项如下。

（1）适用介质，有的压力控制器只适用于氟利昂制冷剂，有的则氨、氟通用。

（2）触头开关的容量，以便正确进行电气接线。

（3）正确进行压力设定和差动值设定。压力控制器的高、低压力调定值，在出厂时已调好，一般不需再调节。在选用时，高、低压端的压力调节范围的上、下限值，应满足使用的制冷压缩机组最高排气或最低吸气压力值。一般情况下，用 R12 为制冷剂的机组，选用 KD155-S 型压力控制器；用 R22 为制冷剂的机组，选用 KD255-S 型压力控制器。

（4）压力控制器尽量安装在振动小的地方，安装时，注意控制器外壳铭牌文字的方向，不可颠倒与卧放。

（5）尽量选用带有手动复位装置的压力控制器。

（6）每年对压力控制器的调定值进行一次校验，以保证制冷压缩机组的安全、正常运行。压力控制器的调定值，如在使用时需要重新调节，其方法是：顺时针方向转动压力调节盘，调定值增加；反之减少。

二、压差控制器

压差控制器在制冷与空调装置中是起保护作用的，其保护部位有压缩机压力润滑的压差保护和制冷剂液泵压差保护。

　　压缩机在运行过程中，其运动部件需要一定压力的润滑油进行不断润滑和冷却。为了保证压缩机安全运行，避免油压过高造成耗油量过大，必须对供油压力予以控制。当油压力与曲轴箱压力之差小于某一数值时，压差控制器便自动切断压缩机电源，起安全保护作用。另外，采用压力供油的压缩机，多有油压卸载机构来进行能量调节，如果油压不正常，压缩机卸载机构也不能正常工作。

　　氨冷库制冷系统常用泵强制循环的蒸发器供液方式。氨泵多为屏蔽泵，它的石墨轴承靠氨液冷却和润滑，屏蔽电动机也靠氨液来冷却。电动机启动后，泵要能够正常输送液体，很快地建立起泵前后流体压力差，才能满足泵本身冷却和润滑的需要，得以继续维持运行。另外，为了防止泵受到气蚀破坏，泵前后的压力差也必须在一定的数值上。基于上述原因，需要对氨泵进行压差保护。

　　压差保护用压差控制器来实现。但不管是油泵还是氨泵，其压差都只能在泵运行起来以后才能建立的。为了不影响泵在无压差下正常启动，油压差所控制的停机动作应延时执行。所以，上述压差保护中，采用带有延时的压差控制器。如果压差控制器本身不带延时机构，则必须再外接一只延时继电器，与压差控制器共同使用。

　　（一）JC-3.5型压差控制器

　　图2-19所示为JC-3.5型压差控制器的结构图。控制器由压差开关9和延时机构12两部分组成。延时机构12的电触点串接在压缩机启动控制回路中，基本控制过程为：压差开关9受压差信号控制通、断，使延时机构中的电加热器接通或断开。电加热器通电加热一定时间后，延时开关的电触头断开压缩机的启动控制电路。

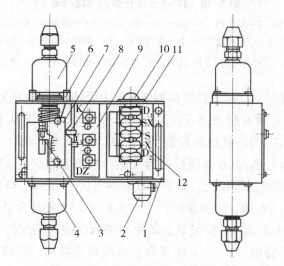

图2-19　JC-3.5型压差控制器结构图

1—外壳　2—进线接头　3—指针　4—高压波纹管箱　5—低压波纹管箱　6—定位柱
7—刻度牌　8—跳板　9—压差开关　10—复位按钮　11—复位标牌　12—延时机构

图 2-20 所示为 JC-3.5 型压差控制器的原理图，将润滑油泵出口端与高压波纹管 1 相接，低压波纹管 7 接压缩机曲轴箱，使之在两个对顶的波纹管产生压力差，其差值由主弹簧 5 平衡。当压差大于调定值时，压差开关 17 处于实线位置，K 与 a 触点接通；延时开关 K_S 与 X 接通，电流由 B 点经 K、a 触点回到 A 点，工作信号灯亮；B 点另一路经接触器线圈 K_M、X、K_S、S_X、F_R 再回到 A 触点。由于热继电器 F_R 和高低压力继电器 K_D 均处于正常闭合状态，KM 线圈通电，其主触头接通压缩机电源，压缩机正常运行。

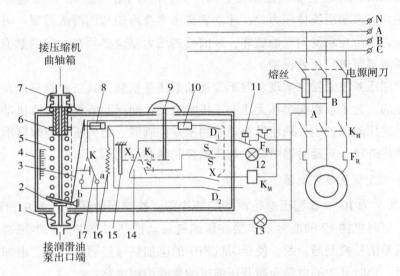

图 2-20　JC-3.5 型压差控制器原理

1—高压波纹管　2—平衡板　3—杠杆　4—标尺　5—主平衡弹簧　6—压差调节螺丝
7—低压波纹管　8—试验按钮　9—手动复位按钮　10—降压电阻　11—K_D 高低压控制器
12—故障灯　13—工作信号灯　14—延时开关　15—双金属片　16—加热器　17—压差开关

当压差小于给定值时，杠杆 3 在平衡板 2 的作用下偏转，使压差开关 17 处于虚线位置，K 和 a 触点断开，K 和 b 触点闭合，工作信号灯 13 灭，电流从 B 点经 K、b、加热器 16、D_1、X、X_1、K_S、S_X、K_D 高低压控制器 11、K_R 到 A 点。此时由于 K_M 线圈仍通电，故压缩机继续运转；但加热器 16 接通后开始发热。加热双金属片 15，约经 60s 后，当双金属片 15 向右侧弯曲程度逐渐增大，直至推动延时开关 14 的 K_S 与 S_1 接通，便切断了接触器线圈 K_M 及加热器的电源，交流接触器主触头断开，压缩机停止运行，故障灯 12 亮，加热器 16 停止加热。由于延时开关被双金属片 15 推动到 S_1 位置时，其端部已被自锁开关扣住，虽然加热器已不通电，K_S 也不能弹回。当故障排除后，要按动手动复位按钮，使 K_S 恢复到与 X 接通位置，K_M 线圈通电，压缩机才能启动。

启动前，双金属片 15 处于冷态，延时开关 14 处于实线位置，只要电源合闸，启动控制电路便接通。这时，尽管没有油压也不妨碍压缩机启动。启动后，油压建立的过程中，尽管压差开关 17 处于虚线位置，电加热器 7 通电，但通电尚未持续到足以使双金属片 15 变形至可以推动延时开关 14 动作，油压已达正常，于是压差开关 17 回到实线位置，电加热电路断开，同时接通正常运行信号灯 16，至此，启动完成。

控制器的正面有试验按钮 8，供试验延时机构的可靠性时使用。在制冷压缩机正常运行中，依箭头所示方向推动按钮，强迫压差开关 17 扳到虚线位置，并保持 60s（即模拟延时继电器持续通电时间），如果能够使延时开关 14 动作，切断电源，令压缩机停车，则证明压差控制器能够可靠工作。

（二）CWK-22 型压差控制器

CWK-22 型压差控制器主要用于制冷压缩机的油压差保护，故又称油压差控制器。其结构如图 2-21 所示，控制器由两个波纹管对称设置。从曲轴箱来的低压压力接至上端气箱 1，下端气箱接至油泵的出口端，感受油泵排出压力。两个波纹管的力方向相反，都作用在顶杆 6 上，通过调节弹簧 5 来平衡。另外，CWK-22 型压差控制器内部附有电热丝加热的双金属片延时机构。设置延时机构的原因是：第一，制冷压缩机启动时，建立正常的油压差需要一定的时间，油泵的油压控制必须把这一段时间除去，没有一定的延时，制冷压缩机就启动不了；第二，在制冷压缩机运转中，由于曲轴箱压力不稳或带进液体工质，使油压不稳或成泡沫状，均有可能使油压降到危险压力以下，但经若干秒后油压往往能自行恢复，加上延时机构后，可避免不必要的频繁停车。

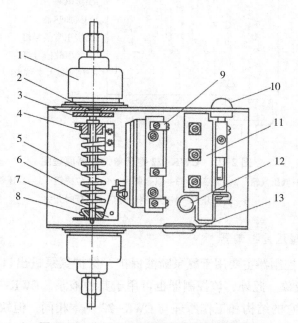

图 2-21　CWK-22 型压差控制器结构图

1—气箱　2—调节螺杆　3—调节盘　4—调节螺母　5—调节弹簧　6—顶杆　7—跳板
8—弹簧座　9—微动开关　10—复位按钮　11—延时底座　12—气压指示灯　13—进线橡皮圈

其控制原理如图 2-22 所示。机器开始启动时，CWK-22 压差控制器同时通电，电接点 a—b—d 接通，加热器通电加热，开始延时，欠压指示灯 7 亮。如图 2-27，在调定的延时时间内，若油压差上升到调定值调节弹簧 5 被压缩，顶杆 6 带动跳板 7，推动差压开关 6 触点动作，使 a—c 接通，a—b 断开，延时机构和欠压指示灯被切断，制冷压缩机投入正常运转；若在调定的延时时间内，油压差没能升到调定值，双金属片受热变形，推动延时开关动作，使触点 d—e 接通，d—a 断开，切断制冷压缩机电源，并发出报警信号。延时开关被双金属片推动变位时，延时开关的凸钮即被机械扣住，不能自行复位。需人工复位按钮以后，延时开关的凸钮才被释放，触点复位，允许制冷压缩机重新启动。但延时开关切断电源而使制冷压缩机停车后，至少需隔 5min，待双金属片延时机构冷却复原后，才能按复位按钮复位。否则延时时间将不准确。转动压差调节螺母，可改变主弹簧的预紧力，从而改变油压差的设定值。该值是控制器的上限，在仪表的刻度板上指示出来。下限油压差等于上限（指示值）减去幅差。幅差为 0.02MPa 且不可调。改变电加热丝与双金属片之间的距离，即可改变延时开关的延时时间。

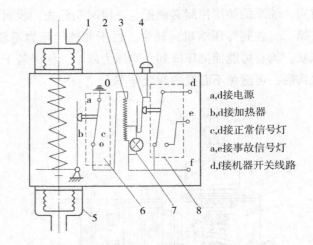

图 2-22　CWK-22 型压差控制器原理图

1—低压气箱　2—加热器　3—双金属片　4—复位按钮　5—高压气箱
6—差压开关　7—欠压指示灯　8—延时开关

（三）CWK-Ⅱ型压差控制器

CWK-Ⅱ型压差控制器主要用于氨泵断液保护，保护氨泵进出口压差在一定的数值之上，以免发生气蚀现象。此外，该控制器也可用于其他液泵。CWK-Ⅱ型压差控制器的结构如图 2-23 所示。它的结构和工作原理与 CWK-22 基本相同，但缺少延时机构，使用时若需延时，应另配时间继电器。窗口的刻度板上指针指出的是控制器的下限压差。上限压差等于指针数值加幅差（0.01MPa）。

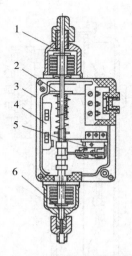

图2-23　CWK-Ⅱ型压差控制器结构图

1—进液压力端　2—调节盘　3—壳体　4—刻度盘　5—微动开关　6—出液压力端

CWK-Ⅱ型压差控制器用作氨泵断液保护时，上端气箱接氨泵入口，下端气箱接氨泵出口，另配时间继电器 K_T 作延时机构。图2-24是CWK-Ⅱ型控制器的接线原理图，氨泵刚启动时，压差尚未建立，触点1—2通，时间继电器 KT 通电延时。在调定的延时时间内，压差达到控制器的上限值，波纹管推动顶杆上移，带动微动开关动作，使触点2—3闭合，1—2断开，将时间继电器 KT 从电路中切除，氨泵投入正常运转；若在调定的延时时间内，氨泵的进出口压差达不到上限值，时间继电器 KT 动作，其触点切断氨泵电路，使氨泵停止运转。在氨泵运转过程中，如果氨泵进出口压差低于控制器下限时，控制器触点1—2接通，继电器 KT 重新延时。在延时时间内，压差恢复到控制器上限，氨泵继续运转；恢复不到上限则停泵。

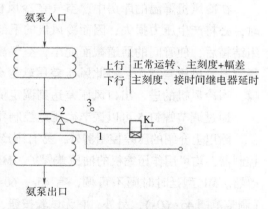

图2-24　CWK-Ⅱ型压差控制器接线原理图

（四）CPK-I 型微压差控制器

CPK-I型微压差控制器主要用于采用冷风机降温的库房发不定时的冲霜信号，也可以与电动执行机构配合用于空调系统作压差、流量控制。其结构如图2-24所示。膜片3将控制器分成高、低压两个密闭腔室8、6。当两腔室的压力差增大到等于或超过调定值时，膜片硬芯对杠杆端部的作用力也随之增大到一定值，带动微动开关动作，触点变位，发压差上限信号。

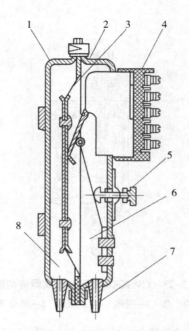

图 2-25　CPK-I 型微压差控制器结构图

1—下壳体　2—上壳体　3—膜片　4—接线罩　5—调节螺钉　6—低压腔　7—管嘴　8—高压腔

在冷风机降温的库房中，空气在冷风机的作用下在室内循环。空气流过蒸发器管组时，必将产生压力损失，因而冷风机的下部进风口和上部出风口是有风压差的。蒸发器管组结霜后，使管间的通道截面变小，空气流过时压力损失增大，风压差也增大。显然，霜层越厚，风压差越大。将此风压差用软管分别引入 CPK-I 型微压差控制器的高、低压管嘴，当冷风机的进、出口风压差达到调定值时，发出冲霜信号。

通过调节螺钉 5 可以调节微压差控制器的给定值。

除以上介绍的压差控制器外，另有国产 JCS-0535 型压差控制器以及国外的 MP 型压差控制器，均可用作压缩机的油压差保护。MP 型与 JC3.5 型功能原理类似，也带有热延时继电器。MP 型延时时间不可调，有 45s、60s、90s 和 120s 四种。CWK-22 型延时时间可调（调整范围 45~60s），另外，它无试验按钮，设有欠压指示灯。用欠压指示灯试验的方法为：压缩机启动时若欠压指示灯不亮，或者超过延时时间后欠压指示灯不灭都说明控制器有故障。JCS-0535 型压差控制器采用晶体管延时机构，延时时间可调（调整范围 0~60s），通过旋钮改变 RC 元件直接调整。晶体管延时机构具有自动复位功能，故不需手动复位。

带延时机构的压差控制器就是一个单纯的压差开关。例如国产 CWK-11 型、YCK 型和国外的 RT 型就属于此类。RT 型压差控制器主要用于液泵的压差保护及维持螺杆压缩机的油压。

图 2-26 所示为 RT260A 型压差控制器的构造图，图 2-27 为它的动作原理图，它是一只需要外接延时继电器的压差控制器。其动作原理从图 2-27 看十分清晰。压差给定值可通过调整定值螺母 3、主调整螺杆 5 来改变主弹簧 4 的预紧度来实现，而压差控制器的差动则可用改变 7、8 差动值调整螺母间的间隙来实现。

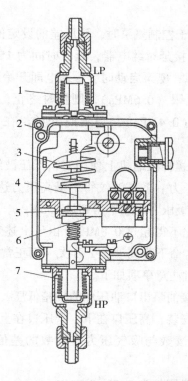

图 2-26 RT260A 型压差控制器结构图

1—低压波纹管 2—定值调整螺母 3—主弹簧（调完值）

4—主调整螺杆 5—差动调整螺母 6—动触点（微动开关） 7—高压波纹管

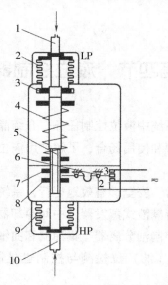

图 2-27 RT260A 型压差控制器原理图

1—低压侧接头 2—低压波纹管 3—调整定值螺母 4—主弹簧 5—主调整螺杆

6—动触头；7,8—差动值调整螺母 9—高压波纹管 10—高压侧接头

RT260A 型压差控制器用于控制氨泵时，泵压差的设定值下限一般为 0.04~0.09MPa，差动值为 0.02~0.03MPa；外接延时继电器，延时时间为 15s 左右。控制过程与油压差控制器控制压缩机工作完全类似；氨泵启动时，一通电即开始延时计时，在规定的延时时间 15s 内，压差升到设定值的上限（0.6MPa），则延时终止，氨泵进入正常运转。运行中，若压差低于设定值的下限（0.4MPa），则延时开始，在 15s 之内若压差不能回升到 0.6MPa，则停泵并报警。

RT260A 型压差控制器在螺杆压缩机上使用时，低压波纹管中作用的是冷凝压力，高压波纹管中作用的是润滑油压力。低压波纹管中最高压力达 2.1MPa，高压波纹管中最高压力达 2.4MPa。油压力与冷凝压力之差不得超过 0.3MPa。从启动到正常运行，低压波纹管和高压波纹管中的压力变化不得超过 0.8MPa。由于上述工作条件超出控制器通常的工作条件范围，导致波纹管的寿命下降到动作 1 万次（而正常寿命是动作 4 万次）。

压差控制器在安装使用时注意事项如下。

（1）高、低压接口分别接油泵出口油压和曲轴箱低压，切不可接反。

（2）控制器本体应垂直安装，高压口在下，低压口在上。

（3）油压差等于油压表读数与吸气压力表读数的差值，不要误以油压表读数为油压差。

（4）油压差的设定值一般调整为 0.15~0.2MPa。

（5）采用热延时的压差控制器，控制器动作过一次后，必须待热元件完全冷却（需 5min 左右）、手动复位后，才能再次启动使用。

第四节　液位控制器

本节主要通过制冷与空调系统中液位控制任务，介绍晶体管水位控制器和热力式液位控制器等的基本结构、工作原理和使用场合，了解常用液位控制器的型号、基本技术参数和性能特点，并能正确选用。

为确保制冷与空调系统正常、安全、有效地运行，系统中一些有自由液面的设备需维持一定的液位。例如，需要保持满液式蒸发器、中间冷却器、低压循环液桶等容器中的制冷剂液位；在油系统中，需要控制油分离器、集油器和曲轴箱中的油位，并根据油位控制排抽和加油。这些容器中的液（油）位检测与控制也是制冷与空调自动化的一项重要内容。

一、晶体管水位控制器

晶体管水位控制器是一种晶体管位式控制器。其种类较多，但由于工作原理基本相似，仅以空调中使用较多的 SY 型晶体管水位控制器为例介绍。

SY 型晶体管水位控制器是根据喷水室底池（或回水箱）的水位控制回水泵的启停，其内部接线原理如图 2-28 所示，它的输出是继电器的触点。其工作原理是：电源供电后，如果水池水位低于"高"水位时，继电器不动作；当水位升到"高""中"水位极板接通时，三极管 V_4 基极电路接通，V_4 饱和导通，继电器 K 吸合，输出常闭触点 6、7 断开。也就是说，它通过继电器（比如浮沉式水银继电器）控制水泵的启动。由于是用一对常开触点与"中"水位组成继电器自锁电路，所以只有当水位下降到"中"极板位置以下时，继电器 K 才释放，水泵停止运行。

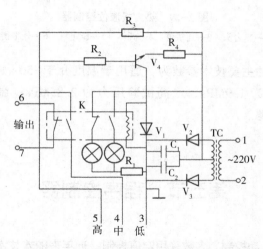

图 2-28　SY 型晶体管水位控制器内部接线原理图

二、热力式液位控制器

热力式液位控制器在制冷系统中常用于控制满液式蒸发器、中间冷却器和气液分离器等容器中的液位。丹佛斯（Danfoss）公司的 TEVA20/TEVA85 型热力式液位控制器的结构如图 2-29 所示。它相当于一个热力膨胀阀，不同于一般的热力膨胀阀之处是温包 1 中装有电加热器。温包安装在容器所要控制的液面高度处，电加热器安装在温包内，电加热器通电对温包加热。如果容器的液位上升，制冷剂浸湿到温包，则液位通过制冷剂液体逸散，热力头中压力降低，使阀开度变小或者完全关闭。温包被液体浸没程度（即液位高度）决定阀的开启程度。如果液位降到温包之下，温包暴露在气相中，热量较难逸散，热力头内压力升高，于是阀开大，增加流量，继而补充液体提高液位。

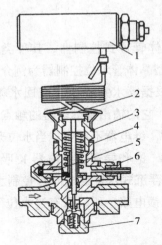

图 2-29　热力式液位控制器
1—带有加热器的温包　2—热力头　3—连接件　4—阀体　5—设定杆　6—外平衡管接口　7—节流孔组件

热力式液位控制器的主要技术参数为：适用于温度介于 -50~10℃ 的 R717、R22 等制冷剂中；最高工作压力为 1.9MPa，最高试验压力为 2.85MPa；温包内电加热器功率为 10W，采用 24V 直流电源。

第五节　程序控制器

制冷与空调装置的自动控制，多数采用定值控制，近年来随着技术的不断进步，越来越多地采用程序控制，例如融霜的时间程序控制和制冷压缩机能量的参数程序控制。本节以 TDS 型时间程序控制器和 TDF 型分级步进能量控制器为例，主要介绍程序控制器的控制原理。

一、TDS 型时间程序控制器

融霜通常是按照一定的顺序进行，例如，采用水和热氨联合融霜的系统，融霜程序如下：
第一步，关闭供液阀、风机停转和关闭回汽阀，然后开启排液阀和热氨阀；
第二步，开启融霜水泵和进水阀，向蒸发器淋水；
第三步，停止融霜水泵和关闭进水阀；
第四步，关闭热氨阀和排液阀，然后开启回汽阀和供液阀，风机运转，融霜结束，系统恢复正常降温工作。

在整个融霜过程的每一步之间都要延时一定时间，以保证融霜效果。若用时间程序控制器把融霜过程的每一步都用时间控制进行，即可实现自动控制融霜。TDS型时间程序控制器就是主要用于制冷系统冷风机自动融霜控制的仪器，其中TDS-04型为定时融霜程序控制，TDS-05型为指令融霜程序控制。

TDS型时间程序控制器具有多个时间继电器的控制功能，它能按照预定的程序定时发出一系列控制信号。

TDS型时间程序控制器为四刀三段式，工作时，自动按照所调定的四个接点三个时间区段依次发出电气信号，控制自动融霜。控制器的最后一个信号为切换复原信号，控制工作过程完毕后即自动恢复原状。三个区段时间分配为：第一区段0~20min，第二区段0~30min，第三区段为0~15min，控制全程最长65min。具体使用时可根据需要调整各区段时间，也可将某区段时间调零，即切除该区段。

（一）TDS-04型时间程序控制器

图2-30所示为TDS-04型时间程序控制器机械结构图。该仪表主要由微型同步电动机2、定时盘3、定时拨板5、凸轮组4、齿轮减速机构1、开关拨板6和两个微动开关7等部分组成。定时盘3上有12个定时螺钉孔，定为每隔2h一个，用来控制融霜次数，拧上几个螺钉，每24h便融几次霜。每次融霜时间间隔按定时螺钉间的划分或螺钉孔数查算，但间隔至少2h。

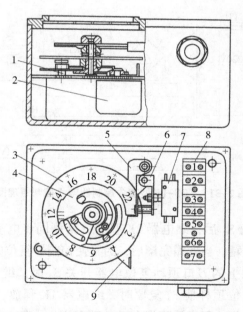

图2-30　TDS-04型时间程序控制器机械结构图
1—齿轮减速机构　2—同步电动机　3—定时盘　4—凸轮组
5—定时拨板　6—开关拨板　7—微动开关　8—接线板　9—脱齿拨板

控制器接入电路后，微型同步电动机 2 长期通电，通过减速齿轮机构 1 带动定时盘 3 每 24h 转一圈，凸轮组 4 每 2h 转一圈。融霜开始前，两个微动开关 7 均处于压紧状态，当定时盘 3 转动到定时螺钉钩住定时拨板 5 时，微动开关 7 处于可释放状态。当凸轮组 4 转动使开关拨板 6 向前滑入凸轮组 4 凹边时，下面微动开关 7 顶杆弹出，触点变位，接通第一区段，开始融霜。然后，凸轮组 4 继续转动，当开关拨板 6 滑向凸轮另一凹边时，上面微动开关 7 顶杆弹出，触点变位，发出第二区段信号。凸轮继续转动，当开关拨板 6 被凸轮斜边逼回前面一个凸边时，上面微动开关 7 顶杆被压回，触点复位，进入第三区段。最后，开关拨板 6 被凸轮斜边逼回最外层凸边，下面微动开关 7 顶杆被压回，触点复位，发出融霜结束、系统复原信号。以后，微型同步电动机带动定时盘和凸轮组继续转动，定时拨板脱口复位。当定时螺钉再度钩住定时拨板时，进行下次融霜。

凸轮组由四片凸轮组成，在微型同步电动机带动下 2h 转一圈，即每旋转 3°角相当于 1min。移动凸轮片，改变其边长，便可调整各区段的时间。

（二）TDS-05 型指令程序控制器

TDS-05 型指令程序控制器结构基本与组成 TDS-04 型时间程序控制器相同。只是 TDS-05 型指令程序控制器无定时盘，由指令（手动或自动）接通微型同步电动机，直接带动凸轮组拨动两个微动开关控制融霜程序。为了使凸轮组复位归零，增加了复位盘、变压器、高灵敏继电器和复位微动开关。电气控制原理如图 2-31 所示。

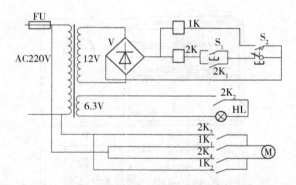

图 2-31　TDS-05 型指令控制器电气控制原理图

当按动融霜指令按钮 S_1 后，继电器 2K 吸合，微型同步电动机通电，带动凸轮组转动，控制器工作，开始融霜。当融霜完毕后，为了使控制器复位归零，微型同步电动机继续运转。等到复位盘边缘上的刀口顶动复位电器开关 S_2 时，继电器 2K 释放，1K 吸合。电动机继续转动，等到复位顶杆使 S_2 复原时，继电器 1K 释放，微型同步电动机停止运转，此时，控制器停在零位。下次接到指令后，融霜从此位置（零位）开始。由于凸轮组 2h 转一圈，所以，两次融霜指令必须相隔 2h 以上。TDS-05 型指令控制器仪表盖上设有指示灯，控制器工作时指示灯亮，复位归零后指示灯灭。在指示灯亮时发第二次融霜指令，指令无效，也不保持指令。必须在指示灯不亮时发融霜指令才能有效。

指令也可以用电气指令来代替。电气指令可直接加在按钮开关 S_1 的两个焊有接线的接线柱上。采用电气指令后，即可实现自动融霜。例如，TDS-05 型指令程序控制器和微压差控制器配合。当冷风机翅片管上霜层厚度增加到一定程度，冷风机进出口风压差相应增大到一定值，微压差控制器动作发出电气信号，指令 TDS-05 指令程序控制器工作，进行自动融霜。

二、TDF 型分级步进能量控制器

在制冷与空调系统中，对象的负荷一般来说不是常数，因此，要求制冷压缩机的能量（制冷量）能够根据负荷的变化按一定规律增减，使系统在比较经济、合理的条件下运行。蒸发温度和蒸发压力都能反映出制冷压缩机的制冷量与系统负荷的平衡状况，在制冷与空调装置中，常以蒸发温度或蒸发压力为调节参数，实现能量调节，使制冷压缩机的能量与系统的负荷相匹配。

TDF 型分级步进能量控制器是专门为制冷系统设计的能量调节仪表。它能根据调节参数的变化，对制冷机群进行定点延时分级调节，对制冷压缩机能量的增减实现步进控制。

TDF 型分级步进能量控制器有 TDF-01 型和 TDF-02 型两种，其结构基本相同，仅所配的测量元件不同。TDF-01 型要求直接输入 0~10mA 的直流信号，当调节参数的信号不同时，应通过变送器加以变送。如以蒸发压力作调节参数时，可通过压力变送器（如 YSC-01 型电感式压力变送器）将压力信号变化转变为 0~10mA 的直流信号变化。TDF-02型控制器一般以蒸发温度作调节参数，控制器内装有将热电阻信号转变成 0~10mA 直流信号的线路，故与 Pt 100 型铂热电阻配合使用，无须温度变送器转换信号，铂热电阻直接与控制器连接即可。

TDF 型分级步进能量控制器最多有八级继电器输出，即可在 4~8 级内调节。每级可控制一台或几台制冷压缩机，也可以控制制冷压缩机的几组汽缸，具体情况视机群的规模而定。八级能量输出的控制方式为分级步进式。步进方式有加速上载、延时上载、延时卸载、加速卸载四种。延时时间为 0~30min 可调，加速时间为延时时间的 1/8。

TDF 型分级步进能量控制器的控制定点有四个设定值，即过高限、高限、低限、过低限，由装在控制器背面的四个拨盘开关分别设定。输入的调节参数与这四个设定值比较，根据比较的结果，按预定的控制规律输出调节信号。

当制冷压缩机的制冷量小于系统的负荷，调节参数上升到高限时，控制器自动开始延时，延时时间到，调节参数若仍在高限，就在原来所在能量级的基础上增加一个能量级运行，即制冷压缩机延时上载；当制冷量远远小于负荷，调节参数达过高限时，控制器自动缩短延时时间，加速上载，使制冷压缩机增加一个能量级；当制冷量大于系统负荷，使调节参数达到低限或过低限时，控制器使制冷压缩机延时卸载或加速卸载，降低一个能量级运行；当制冷量与负荷基本相等，调节参数在设定值的高限和低限之间时，调节器的输出不发生变化，制冷压缩机能量不增不减，维持运行在现有的能量级。所谓的"步进"调节，就是指根据制冷量与负荷的不平衡程度，逐级增加或减少制冷压缩机能量的调节方式。增能和减能采取延时的目的是防止系统负荷出现虚假现象，避免能量增减频繁。当调节参数达到或超过设定值的过高限或过低限时，说明制冷量与负荷相差太大，需要加速扭转这种局面。这时，控制器发出加速增能或加速减能信号，使调节参数尽快回复到高低限之间。TDF 型分级步进能量控制器的控制规律见表 2-2。

表 2-2　TDF 型分级步进能量控制器的控制规律

比较情况	能量平衡情况	TDF 输出调节方式	能量状态显示	
			红灯	绿灯
调节参数≥过高限	制冷量≤热负荷	加速，增能	闪	熄
调节参数≥高限	制冷量<热负荷	延时，增能	亮	熄
高限<调节参数<低限	制冷量≈热负荷	能量不增不减	熄	熄
调节参数≤低限	制冷量>热负荷	延时，减能	熄	亮
调节参数≤过低限	制冷量≥热负荷	加速，减能	熄	闪

　　这种调节的实质是调节参数幅差不变，机器投入运行的级数与系统负荷成正比。负荷增减多少，机器的能量跟随增减多少，总使制冷压缩机处于和负荷相适应的状况下运行。这种调节有两个特点：一是使调节参数总在控制的范围内，幅差可以很小；二是根据负荷将制冷压缩机分成几个能量级，制冷压缩机能量跟随负荷的变化成比例地增减，机器使用比较合理。

　　TDF 型分级步进能量控制器采用较复杂的晶体管电路，其原理方框图如图 2-32 所示。控制器的输出级数用拨盘开关控制，根据需要可在 4~8 级内调节。若需要 8 级以上输出时，可通过加接时间继电器的方法来解决。

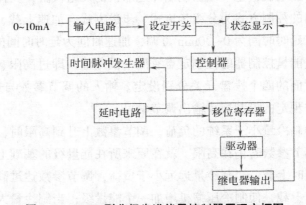

图 2-32　TDF 型分级步进能量控制器原理方框图

　　图 2-33 是 TDF 型分级步进能量控制器的面板布置图。按一下手动增能或手动减能按钮，可以人为地增加或减少一级能量。面板右上方的红灯和绿灯指示出能量的增减状态，八级状态指示灯指示出输出级数，灯亮的数目就是控制器即时输出的级数。

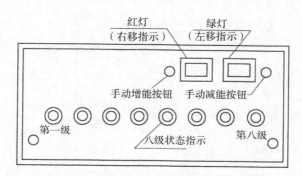

图 2-33　TDF 型分级步进能量控制器面板布置图

第三章　制冷空调装置自动控制系统常规执行器

执行器是制冷空调自动控制系统的执行机构，是自动控制系统中极其重要的装置。执行器的作用是接受控制器或计算机的输出信号，直接调节生产过程中相关介质的输送量，从而使温度、压力、流量等过程参数得到控制。在控制系统的设计中，执行器选择不当，会直接影响系统的控制品质。

执行器由执行机构和调节机构两部分组成。执行机构是执行器的推动部分，按控制信号产生相应的力或力矩。调节机构最常见的就是控制阀，又称调节阀。

按所使用的能源，执行器可分为气动、电动、液动三种类型。气动执行器是以压缩空气为动力源，通常气动压力信号的范围为 0.02~0.1MPa。气动执行机构有薄膜式和活塞式两种。气动执行器结构简单、紧凑，价格较低，工作可靠，维护方便，在过程控制中应用最广泛，特别适合防火防爆的场合。缺点是必须要配置压缩空气供应系统。电动执行器采用工频电源，信号传输速度快，传输距离长，动作灵敏，精度高，安全性好，缺点是体积较大、结构复杂、成本较高、维护麻烦。液动执行器的特点是推力大，一般要配置压力油系统，适用于特殊场合。制冷与空调装置的自动控制中最常用的执行器是气动执行器和电动执行器。

气动执行机构往往和调节机构形成一个整体。图 3-1 所示为气动调节阀的结构示意图。气动调节阀的执行机构由膜片 2、阀杆 4 和平衡弹簧 3 组成。控制信号的压力 p 由气动调节阀的顶部引入，作用在膜片 2 上产生向下的推动力，固定在膜片 2 上的阀杆 4 向下移动，压缩平衡弹簧 3。当阀杆 4 的推力与平衡弹簧 3 的作用力相等时，阀杆停止移动，阀芯 7 停留在需要的位置上。图 3-1 所示的气动调节阀在气源中断时，阀门是全开的。控制信号在 0.02~0.1MPa 逐渐变化时，阀门从全开到全关。气动调节阀按作用方式不同，分为气开阀与气闭阀两种。气开阀随着信号压力的增加而打开，无信号时，阀处于关闭状态。气闭阀即随着信号压力的增加，阀逐渐关闭，无信号时，阀处于全开状态。气开阀、气闭阀的选择主要从生产安全角度考虑。当系统因故障等原因使信号压力中断时（即阀处于无信号压力的情况下时），考虑阀应处于全开还是全闭状态才能避免损坏设备、伤害工作人员。若阀处全开位置危害性小，则应选气闭阀；反之，应选气开阀。

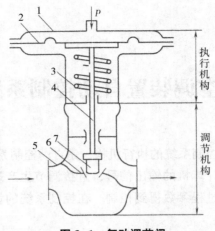

图3-1 气动调节阀

1—上盖 2—膜片 3—平衡弹簧 4—阀杆 5—阀体 6—阀座 7—阀芯

　　电动执行器的执行机构，把来自控制器的 4~20mA 的直流控制信号转换成相应的位移或转角，以驱动执行器的调节结构（控制阀）。图3-2 所示是电动执行器执行机构的工作原理方框图。执行机构是角行程电动执行机构，由伺服放大器、伺服电动机、减速器、位置发送器、操作器等组成。

　　图3-2 中的伺服放大器接受

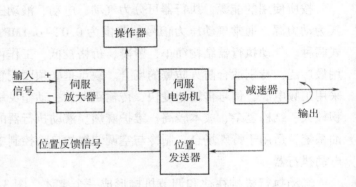

图3-2 电动执行机构的工作原理方框图

来自控制器的控制信号，与执行机构的位置反馈信号相比较，其差值经放大后供伺服电动机。当输入信号为零时，放大器无输出，电动机不转动。当有不为零的控制信号输入时，输入信号与位置反馈信号产生的偏差使放大器输出相应的功率，驱动伺服电动机正转或反转，减速器的输出轴也相应转动，这时，输出轴的转角又经位置发送器转换成电流信号送到伺服放大器的输入端。当位置反馈信号与控制器信号相等时，伺服电动机停止转动。这时，输出轴就停止在控制信号要求的位置上。一旦电动执行机构断电，输出轴就停止在断电的位置上，不会使生产中断。这也是电动执行机构的优点之一。

　　电动执行机构还可以通过操作器接受来自控制室的远方信号，实现远方手动控制。当操作器的切换开关切换到手动位置时，可直接控制伺服电动机，进行手动遥控操作。执行机构还配有手轮，在必要时由人工操作。角行程执行机构输出的角位移是 0°~90° 直线行程的电动执行机构输出的是直线位移，其工作原理与角行程电动执行机构完全相同，仅仅是减速器的结构不同。

　　电动执行机构与其调节机构（控制阀）连接的方式较多。可以分开安装，用机械装置把两者连起来，也可以安装固定在一起。有些产品在出厂时就是执行机构与控制阀连为一体的电动执行器。

　　气动信号有它的优点，如防火防爆等；电信号也有它的优点，如可远距离传输等。在控制系统的组成上，控制器等采用电信号，执行器采用气动信号，这样的设计是很多的。特别是计算机控制为核心的先进控制系统，只能对电信号进行处理。所以，与执行器、变送器相配合，还有气—电或电—气转换器。它们的作用是将气动信号转换成相应的电信号或相反。

　　制冷与空调装置中常用的执行器主要有膨胀阀、电磁阀、主阀、水量调节阀、风量调节阀、防火阀、排烟阀与防火排烟阀等。

第一节　膨胀阀

　　在制冷系统中，制冷剂液体的膨胀过程是由节流机构来完成，膨胀节流的作用是将液体制冷剂从冷凝压力减小到蒸发压力，并根据需要调节进入蒸发器的制冷剂流量。制冷系统的节流膨胀机构主要有热力膨胀阀、热电膨胀阀、电子膨胀阀和毛细管等。其中毛细管在节流过程中有不可调性，故在大型制冷系统中不再采用毛细管，而采用膨胀阀来控制，下面主要介绍热力膨胀阀和电子膨胀阀。

一、热力膨胀阀

　　热力膨胀阀是一种改进型的自动膨胀阀，广泛用于制冷和空调设备上。热力膨胀阀是压缩式制冷装置中制冷剂进入蒸发器的流量控制器件，同时完成由冷凝压力至蒸发压力的节流降压、降温过程。

　　（一）热力膨胀阀的结构与分类

　　热力膨胀阀有内平衡和外平衡两种形式。内平衡热力膨胀阀膜片下面的制冷剂平衡压力是从阀体内部通道传递来的膨胀阀孔的出口压力；而外平衡式热力膨胀阀膜片下面的制冷剂平衡压力是通过外接管，从蒸发器出口处引来的压力。由于两者的平衡压力不同，它们的使用场合也有区别。

　　1. 内平衡式热力膨胀阀

　　内平衡式热力膨胀阀如图3-3所示，控制输入信号压力 F 是感温包感受到的蒸发器出口温度相对应的饱和压力，它作用在波纹膜片5上，使波纹膜片产生一个向下的推力，而在波纹膜片下面受到蒸发压力 F_0 和调节弹簧7弹力 W 的作用。当被控对象温度处在某一工况下，膨胀阀处于某一开度时，F、F_0 和 W 处于平衡状态，即 $F=F_0+W$。如果被控对象温度升高，蒸发器出口处过热度增大，则感应温度上升，相应的感应压力 F 也增大，这时 $F>F_0+W$，波纹膜片 5 向下移动，推动传动杆使膨胀阀的阀孔开度增大，蒸发器出口过热度相应地降下来。相反，如果蒸发器出口处过热度降低，则感应温度下降，相应地感应压力 F 也减小，此时，$F<F_0+W$，波纹膜片 5 上移，传动杆也上移，膨胀阀的阀孔开度减小，制冷剂流量减小，使制冷量也减小，蒸发器出口过热度相应地升高，膨胀阀进行上述自动控制，适应了外界热负荷的变化，满足了被控对象温度的要求。

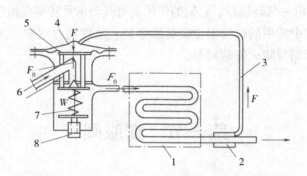

图 3-3 内平衡式热力膨胀阀的工作原理

1—蒸发器 2—感温包 3—毛细管 4—膨胀阀 5—波纹膜片

6—推杆 7—调节弹簧 8—调节螺钉

图 3-4 所示为内平衡式热力膨胀阀的结构。膨胀阀安装在蒸发器的进口管道上，它的感温包安装在蒸发器的出口管上，感温包通过毛细管与膨胀阀顶盖相连接，以传递蒸发器出口过热温度信号。有的膨胀阀在阀进口处还设有过滤网。

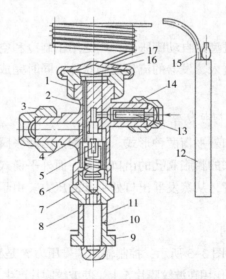

图 3-4 内平衡式热力膨胀阀的结构

1—阀体 2—传动杆 3—螺母 4—阀座 5—阀针 6—调节弹簧 7—调节杆座 8—填料 9—帽盖

10—调节杆 11—填料压盖 12—感温包 13—过滤网 14—螺母 15—毛细管 16—感应薄膜 17—气箱盖

2. 外平衡式热力膨胀阀

外平衡式热力膨胀阀如图 3-5 所示，F 为感温包感受到的蒸发器出口温度相对应的饱和压力，F' 为蒸发器出口蒸发压力，W 为过热调整弹簧的压力。当被控对象温度处在某一工况时，膨胀阀保持一定开度，F、F' 和 W 应处在平衡状态，即 $F=F'+W$；如果被控对象温度升高，蒸发器出口过热度增大，则感受温度上升，相应的感应压力 F 也增大，这时 $F>F'+W$，波纹膜片向

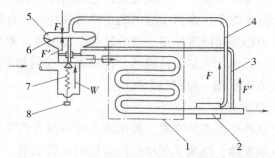

图 3-5　外平衡式热力膨胀阀的工作原理

1—蒸发器　2—感温包　3—外部均压管　4—毛细管　5—膨胀阀
6-波纹膜片　7—过热调节弹簧　8—调整螺钉

下移，推动阀的传动杆使膨胀阀孔开度增大，制冷剂流量增加，制冷量也增大，蒸发器出口过热度相应下降。相反，如果蒸发器出口处过热度降低，则感受温度下降，相应的饱和压力 F 也下降，这时 $F<F'+W$，使波纹膜片上移，传动杆也随之上移，膨胀阀的阀孔开度减小，制冷剂流量减小，蒸发器出口过热度也相应上升，满足了蒸发器负荷变化的需要。由于在蒸发器出口处和膨胀阀波纹膜片下方引有一个外部均压管，所以称此膨胀阀为外平衡式热力膨胀阀。

外平衡式热力膨胀阀的结构如图 3-6 所示，其安装位置与内平衡式热力膨胀阀相同。

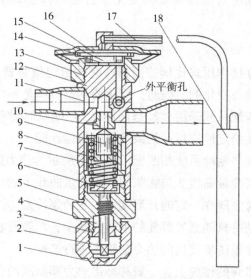

外平衡孔

图 3-6　外平衡式热力膨胀阀的结构

1—密封盖　2—调节杆　3—填料螺母　4—密封填料　5—调节杆座　6—调节垫块　7—弹簧　8—阀针座　9—阀针
10—阀孔座　11—过滤网　12—阀体　13—动力室　14—预杆　15—垫块　16—薄膜片　17—毛细管　18—感温包

（二）热力膨胀阀的作用原理

热力膨胀阀是一种节流装置，它是制冷系统中自动控制制冷剂流量的元件，广泛用于各种制冷系统中，热力膨胀阀的工作特性好坏，直接影响到整个制冷系统能否正常工作。

热力膨胀阀以蒸发器出口的过热度为信号，根据信号偏差来自动控制制冷系统的制冷剂流量，因此，它是以传感器、控制器和执行器三位组合成一体的自动控制器。具体来说，热力膨胀阀一般有三个作用。

1. 节流降压

把从冷凝器来的高温、高压液态制冷剂节流降压成为容易蒸发的低温、低压雾状制冷剂送入蒸发器，隔离了制冷剂的高压侧和低压侧。

2. 自动调节制冷剂流量

由于制冷负荷的改变，要求流量作相应调节，以保持室内温度稳定，膨胀阀能自动调节进入蒸发器的流量以满足制冷循环要求。

3. 控制制冷剂流量

控制制冷剂流量、防止液击和异常过热现象发生，膨胀时以感温包作为感温元件控制流量大小，保证蒸发器尾部有一定量的过热度，从而保证蒸发器容积的有效利用，避免液态制冷剂进入压缩机而造成液击现象，同时又能控制过热度在一定范围内。

多数制冷系统在运行过程中，其冷负荷是变化的。如系统刚开始降温时，室内温度较高，这时就要求将蒸发温度升高，使进入蒸发器的制冷剂流量增大。而当室内温度较低时，冷负荷需要量较少了，这时蒸发温度就相应地降低，使进入蒸发器的流量减少。因此，热力膨胀阀就是根据冷负荷需要量的变化而自动地调整其流量，使制冷系统能正常工作。

（三）热力膨胀阀的选用

热力膨胀阀是一种直接作用式比例控制器，它的给定值弹簧是事先按需要调整好的，而对象的负荷与工况是动态变化的。因此，变化的动态负荷是不可能和不可变化的静态过热度保持全工况的最佳匹配。故采用"动态匹配"，才能及时对蒸发器的动态特性的变化做出反应，使系统始终在给定性能指标约束下得到最佳匹配。

热力膨胀阀的容量应与制冷系统相匹配，图3-7所示为热力膨胀阀和制冷系统制冷量特性曲线。制冷系统的制冷量曲线2与膨胀阀的制冷量曲线1的交点，就是运行时的制冷量。从图中可以看出，膨胀阀在一定的开启度下，它的制冷量 Q_0 随着蒸发温度 θ_0 的下降而增加，而制冷系统的制冷量随蒸发温度的下降而减少，两者要相互匹配，其制冷量就应相等。所以应对某一制冷系统所使用的热力膨胀阀进行选配。

目前，国产热力膨胀阀的铭牌上，一般都标出热力膨胀阀的孔径或某一工况下（如标准工况或空调工况）的制冷量，而正确标出的应是以规定工况下的额定开启度下的制冷量。

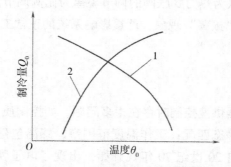

图3-7 热力膨胀阀和制冷系统制冷量特性曲线
1—热力膨胀阀能量曲线 2—制冷系统能量曲线

以膨胀阀孔径为容量参数，不能定出热力膨胀阀的确切制冷量。因为各厂生产的膨胀阀的额定开启度不同，所以不同生产厂家生产的同一孔径的膨胀阀制冷量不一定相同，特别是锥形阀针的锥度不同，其制冷量也就不同。因此，应按制造厂提供的产品样本选用，或根据已知的膨胀阀机构参数进行计算。

热力膨胀阀的容量与膨胀阀入口处液体制冷剂的压力（或冷凝温度）、过冷度、出口处制冷剂的压力（或蒸发温度）及阀门开度有关。热力膨胀阀出厂时，需进行容量实验，容量实验是为了确定膨胀阀在给定条件下的制冷量。膨胀阀的容量要与制冷空调系统特别是蒸发器的容量相匹配，使蒸发器最大限度地加以利用。若容量选择过大，使阀经常处在小开度下工作，阀开闭频繁，影响室内温度稳定，并降低阀门寿命；若容量选择过小，则流量太小，不能满足室内所需制冷量的要求。一般情况下，膨胀阀容量应比蒸发器能力大$20\% \sim 30\%$，否则，制冷与空调装置就不能产生足够的制冷量。另外，还可以根据蒸发器压力降Δp_0值的大小来选用膨胀阀。当蒸发器压力降Δp_0值较小时，宜选用内平衡式热力膨胀阀；蒸发器压力降Δp_0值较大时，宜选用外平衡式热力膨胀阀，以避免过热度过高，蒸发器利用率大幅度降低的缺点。使用内平衡式热力膨胀阀的蒸发器压力降Δp_0的允许值见表3-1。

表3-1 使用内平衡式热力膨胀阀的Δp_0允许值 单位：kPa

蒸发温度/℃		10	0	−10	−20	−30	−40	−50	−60
制冷剂	R12	20	15	10	7	5	3		
	R22	25	20	15	10	7	5	3	2
	R502	30	25	20	15	10	7	5	4

热力膨胀阀是应用最广的一类节流机构，广泛应用于冷藏箱、陈列柜、汽车空调和柜

式空调机等装置中。一般认为热力膨胀阀的调节规律为比例调节。热力膨胀阀和蒸发器组成的控制回路有时会发生"振荡"现象，严重影响系统的正常工作。

二、电子膨胀阀

热力膨胀阀用于蒸发器供液控制时存在很多问题，如控制质量不高，控制系统无法实施计算机控制，只能实施静态匹配；工作温度范围窄，感温包延迟大，在低温调节场合，振荡问题比较突出。因此自20世纪70年代开始，出现了电子膨胀阀，至90年代末，已逐步走向成熟。

电子膨胀阀是以微型计算机实现制冷系统变流量控制，使制冷系统处于最佳运行状态而开发的新型制冷系统控制器件。微型计算机根据给定值与室温之差进行比例积分运算，以控制阀的开度，直接改变蒸发器中冷媒的流量，从而改变其状态。压缩机的转数与膨胀阀的开度相适应，使压缩机输送量与通过阀的供液量相适应，而使蒸发器能力得以最大限度发挥，实现高效制冷系统的最佳控制，使过去难以实施的制冷系统有可能得以实现。因而，在变频空调、模糊控制空调和多路系统空调等系统中，电子膨胀阀作为不同工况控制系统制冷剂流量的控制器件，均得到日益广泛的应用。

电子膨胀阀是采用电子手段进行流量调节的阀门。电子膨胀阀采用蒸发器的温度或压力信号，经过控制器，实现多功能的流量控制和调节。其制冷剂流量调节范围大，蒸发器出口过热度偏差小，允许系统负荷波动范围大。而且还可以通过指定的调节程序，扩展电子膨胀阀的很多控制功能。

电子膨胀阀的种类较多，按阀的结构形式来分主要有三类：电磁式、热动式和电动式（早期尚有双金属片驱动，近年逐渐被替代）。

（一）电磁式电子膨胀阀

电磁式电子膨胀阀是依靠电磁力开启进行流量调节控制的阀门。结构如图3-8（a）所示，电磁线圈通电前，阀针7处于全开位置；通电后，由于电磁力的作用，由磁性材料制成的柱塞2被吸引上升，与柱塞2连成一体的阀针7开度变小。阀针7的位置取决于施加在线圈3上的控制电压（线圈电流），因此可以通过改变控制电压来调节膨胀阀的流量，其流量特性如图3-8（b）所示。

电磁式电子膨胀阀结构简单，动作响应快，但工作时需要一直为它提供电压。

另外，还有一种电磁式电子膨胀阀。它实际上是一种特殊结构的电磁阀，带有内置节流孔，通电开型。电磁线圈上施加固定周期的电压脉冲，一个周期内阀开、闭循环一次。阀流量由脉冲宽度决定。负荷大时，脉宽增加，阀打开时间长；负荷低时，脉宽减小，阀打开时间短。断电时，阀完全关闭，还起到电磁截止阀的作用。工作中由于阀交替打开和关闭，液管和吸气管中会产生压力波动，但并不影响制冷机的运行特性。

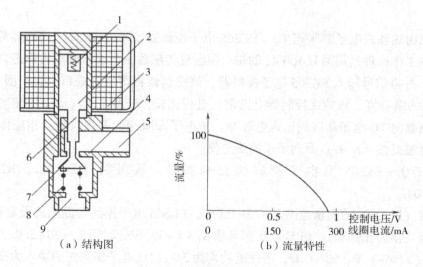

（a）结构图　　　　　　　　　　（b）流量特性

图 3-8　电磁式电子膨胀阀

1—柱塞弹簧　2—柱塞　3—线圈　4—阀座　5—入口　6—阀杆　7—阀针　8—弹簧　9—出口

（二）热动式电子膨胀阀

热动式电子膨胀阀是靠阀头电加热的调节产生热力变化，从而改变阀的开度，进行调节控制。Danfoss 公司的专利产品热动式电子膨胀阀也称参考压力系统（PRS）电子膨胀阀，适用于中大型制冷装置的供液控制。该型电子膨胀阀的结构如图 3-9 所示。TQ 型为直接驱动式，PHTQ 型为带自给放大的结构，用于大冷量系统。

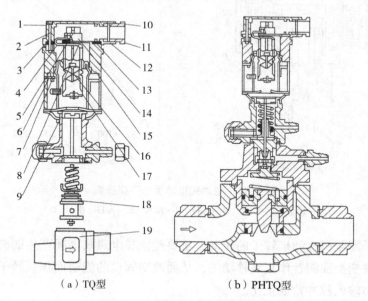

（a）TQ型　　　　　　　　　　（b）PHTQ型

图 3-9　热动式电子膨胀阀

1—阀头　2—止动螺钉　3—O 形圈　4—电线套管　5，6—螺钉　7—电线　8—上盖　9—垫片　10—电线旋入口
11—密封圈；12，13—垫片　14—端板　15—膜头　16—NTC 传感元件
17—PTC 加热元件　18—节流组件　19—阀体

该系统由热动式电子膨胀阀 TQ、EKS65 电子控制器和两只 AKS2IA 传感器等组成。

其基本工作原理是用两只 1000Ω 的铂电阻温度传感器，分别检测蒸发器进口、出口温度 t_1 和 t_2，并将信号输入 EKS65 电子控制器，该控制器将蒸发器进口、出口温差值（t_2-t_1）与要求的温差值（该值在控制器上设定）进行比较，若温差值（t_2-t_1）偏离给定温差值，则控制器向 TQ 电子膨胀阀输入电脉冲，使电子膨胀阀的开度改变，相应地调整制冷剂流量，使温差值（t_2-t_1）回到要求的给定值。

TQ/PHTQ + EKS65 型电子膨胀阀控制系统，适用制冷剂 R12，R22，R502，R134a，R404a。

传感器（Pt100）的测量范围是−70~160℃，EKS65 电子控制器温差的设定范围为 2~18℃，控制规律为比例积分（PI），比例系数 $K_p=1~5$，积分时间 $T_1=30~300s$，输入电压是交流 24（±10%）V、50/60Hz，消耗电功率为 5W；TQ 电子膨胀阀的输入为交流脉冲电压 24V，功耗为 50W。

（三）电动式电子膨胀阀

电动式电子膨胀阀是采用电动机直接驱动，有直动型和减速型两种驱动形式。直动型是电动机直接驱动阀杆；减速型是电动机通过减速齿轮驱动阀杆，因此用小转矩的电动机可以获得较大的驱动力矩。直动型的结构和流量特性如图 3-10 所示。

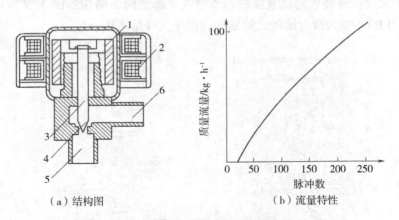

（a）结构图　　　　（b）流量特性

图 3-10　电动式直动型电子膨胀阀
1—转子　2—线圈　3—阀杆　4—阀针　5—入口　6—出口

直动型电子膨胀阀电动机转子的转动，主要是依靠电磁线圈间产生的磁力进行的，转矩是由导向螺纹变换成阀针作直线移动的，从而改变阀口的流通面积。转子的旋转角度及阀针的位移量与输入脉冲数成正比。

电动式电子膨胀阀的另一种形式是减速型，其结构和流量特性如图 3-11 所示。减速型电子膨胀阀的工作原理是：电动机通电后，高速旋转的转子 1 通过齿轮组 7 减速，再带动阀针 4 作直线移动。由于齿轮的减速作用大大增加了输出转矩，使得较小的电磁力可以获得足够大的输出力矩，所以减速型电子膨胀阀的容量范围大。减速型电子膨胀阀的另一特点是电动机组合部分与阀体部分可以分离，这样，只要更换不同口径的阀体，就可以改变膨胀阀的容量。

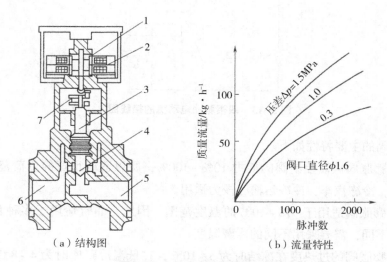

（a）结构图　　　　　　（b）流量特性

图 3-11　电动式减速型膨胀阀

1—转子　2—线圈　3—阀杆　4—阀针　5—入口　6—出口　7—减速齿轮组

这类膨胀阀是采用电动机来驱动的，目前使用最多的是四相脉冲电动机（步进电动机）。其控制原理如图 3-12 所示，四相脉冲电动机的接线图如图 3-13 所示。电动机转子采用永久磁铁，由转子感应的磁极与定子绕组感应的磁极之间产生磁力的吸引或排斥作用，使转子旋转。脉冲电动机由计算机控制，计算机发出控制指令，在电动机定子绕组上施加脉冲电压，驱动转子动作，指令信号序列反向时，电动机转动反向。所以，脉冲信号可以控制电动机正、反转，使调节阀杆上、下移动，改变阀针的开度，实现流量调节。

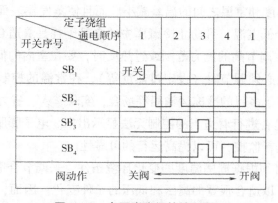

图 3-12　电子膨胀阀的控制原理

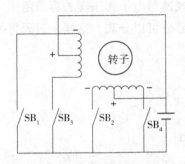

图 3-13　四相脉冲电动机的接线图

电子膨胀阀的主要特性如下。

（1）电子膨胀阀可以控制阀的能力 10% ~ 100%，所以适应很宽的负荷范围。对于冷冻、冷藏装置，冷冻汽车，冷冻运输船极为适用。

（2）电子膨胀阀适用于 -70 ~ 10℃ 的温度范围。因此，非常适用于多种目的运输船，由于货物种类不同，需要采用不同的冷藏温度。

（3）电子膨胀阀的过热度在冻结时为 5 ~ 10℃，在低温冷藏库时为 4 ~ 8℃。因热力膨胀阀过热度，在冻结时为 25 ~ 40℃，在低温冷藏库时为 15 ~ 30℃。因而，电子膨胀阀提高了压缩机冷冻能力，充分发挥了蒸发器的作用。

（4）热力膨胀阀不能自由地设定过热度。电子膨胀阀可以选择 2 ~ 18℃ 设定过热度，适应各式各样的装置自由地设定过热度。对于一切冷冻、空调装置，确保在最佳状况下运行的可能性，起到节约能源的作用。

（5）热力膨胀阀为了防止压缩机的过负荷运转，要设定其最高运行压力，其压力是固定的。电子膨胀阀在 0.3MPa 以上可以任意选择，所以不仅可以防止过负荷运转，而且可以防止冷冻设施不超过电力负荷。

（6）热力膨胀阀不能使过热度减少。电子膨胀阀适应各式各样装置，可以保持最小的过热度，从而使蒸发温度和室温之间的温差减小。而且使蒸发器表面的结霜也减少，所以对于增大冷冻能力（降低室温）和防止冷藏库中的食品干耗是最适合的。

（7）热力膨胀阀在调节阀的能力范围或过热度时，要在室内的低温下进行。电子膨胀阀由于是电子控制的，必须调节时（设定过热度等），在常温的控制室内即可很容易地实现远距离操作，所以对于多目的冷冻运输船等场合，实现省人、省力是最合适的。

（8）热力膨胀阀是否进行着适当的控制无法显示出来。电子膨胀阀可以通过指示灯来显示动作情况，从而进行监控，可以提高运行的可靠性。

（9）热力膨胀阀必须根据周围温度的变化环境条件，来调节合适的阀工作能力。电子膨胀阀适应性极大，可以适合很宽的高压和低压的条件变化。因而，对于昼夜温度变化显著，热带和高纬度地区或在南半球和北半球航行的船舶冷冻和空调装置极为适用。

图 3-14 所示为电子膨胀阀在空调制冷系统中的应用。输入微处理器的信号有蒸发器

的出口温度、出口压力及压缩机的排气压力。蒸发器出口温度、压力决定了蒸发器的过热度，该过热度送入控制器中，与给定值相比，经PID处理后输出信号控制电动机正转或反转，从而实现对制冷系统中的工质流量的精密控制，排气压力信号用于控制电子膨胀阀开度，以防止高压超过规定范围，并能保持机组连续运转。

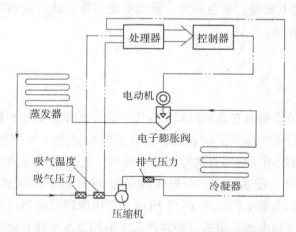

图3-14　电子膨胀阀在空调制冷系统中的应用

　　需要强调的是，电子膨胀阀控制系统除可获得较满意的流量特性外，再增加一些外围附件，还可以扩大其应用范围，如最高工作压力限（MOP）的控制、制冷温度控制，显示和报警。电动式电子膨胀阀还允许制冷剂逆向流动，利用此特点，在空调热泵系统和热气除霜系统中应用广泛，而制冷系统的组成又大为简化。因此，电子膨胀阀供液控制代表了制冷控制技术的发展方向。

第二节　电磁阀

　　本节通过对制冷与空调装置中常用的二通、三通、四通电磁阀的介绍，使学生掌握电磁阀分类、工作原理和应用，能正确选用电磁阀。

　　电磁阀是制冷空调装置液路系统中最常用的实现液路通断或液流方向改变的流体控制元件，它一般具有一个可以在线圈电磁力驱动下滑动的阀芯，阀芯在不同的位置时，电磁阀的通路也就不同。阀芯的工作位置有几个，该电磁阀就叫几位，电磁阀二位的含义对于电磁阀来说就是带电和失电，对于所控制的阀门来说就是开和关。阀体上的接口，也就是电磁阀的通路数，有几个通路口，该电磁阀就叫几通电磁阀，通常有二通、三通、四通等多种用途。按结构与控制方式，分为一次开启式、二次开启式和多次开启式电磁阀。

一次开启式电磁阀一般用于可靠性要求高而通径较小的场合；二次开启式电磁阀（或多次开启式）实际上是一种自给放大控制，它的最大好处在于：可把各种不同尺寸的电磁阀的电磁线圈做成共同的统一尺寸，减小电磁阀尺寸与重量，又便于系列化生产。

电磁阀按适用介质种类，分为制冷剂用电磁阀（不同制冷剂有不同要求，选用时要仔细阅读说明书）、空气电磁阀、水电磁阀、蒸汽电磁阀等。此外适用电压、电流也各有不同，选用时均需事先注意。

一、二通电磁阀

二通电磁阀在制冷空调装置自动控制中应用广泛，常作为双位控制器的执行器，或作为安全保护系统的执行器。按其工作状态，可分为通电开型（常闭型）和通电关型（常开型）。一次开启式电磁阀，也叫直接作用式电磁阀，它直接由电磁力驱动，故也称直动式电磁阀。制冷系统或油压系统中，一般管内径在 3mm 以下，较多采用直动式电磁阀。通电开型二通电磁阀的典型结构如图 3-15 所示。工作原理是：当电源接通，线圈 1 通过电流产生磁场，铁芯 3 被电磁力吸起，装在铁芯上的阀盘 5 也离开阀座 6，阀孔 7 被打开。当线圈电流由于控制器动作被切断时，磁场消失，铁芯由于复位弹簧 4 与自身重力作用而落下，阀门关闭，关闭后由于阀入口侧流体压力施加在阀盘上，使阀关闭更紧。直接作用式电磁阀工作灵敏可靠，也可在阀前后流动压力降为零的场合下工作，常用于小口径管路控制，也用于控制毛细管流动或做电磁导阀使用。

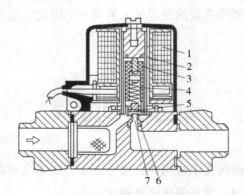

图 3-15　一次开启式电磁阀
1—线圈　2—阻尼涡流环　3—铁芯　4—复位弹簧　5—阀盘　6—阀座　7—阀孔

二次开启式电磁阀，又称间接作用式电磁阀，一般用于中大管径（一般 6mm 以上管径）场合，以避免直接靠电磁力驱动导致电磁线圈尺寸大、耗电过多的缺点。

二次开启式电磁阀有活塞式和膜片式两种，电磁阀起导阀作用。膜片式二次开启电磁阀的典型结构如图 3-16 所示，阀的上半部分是小口径的直接作用式电磁阀，起导阀作用，下半部分为主阀。当电磁阀线圈 4 通电后，铁芯 3 被吸起，导阀口 5 打开，主阀膜片上腔与阀下游流体连通，故上腔降为阀下游的压力，在阀前后流体压力差作用下，膜片浮起，主阀口 1 打开。可见二次开启式电磁阀利用浮动膜片（或活塞）较大的截面积，借助阀前后流体压力差作自给放大，提供主阀开启的驱动力。因此，二次开启式电磁阀要打开及维持开启状态，必须保持电磁阀前后一定的压力差。最小开阀压力差是一个很重要的参数，目前国际上像 Danfoss、Alco、鹭宫等企业的二次开启式电磁阀产品目录，均详细地标出最小开阀压力差。如 Danfoss 二次开启式电磁阀最小压降值为 7kPa。

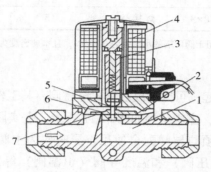

图 3-16 二次开启式电磁阀

1—主阀口 2—膜片式主阀组件 3—铁芯 4—线圈 5—导阀口 6—阀盘 7—平衡孔

用于空调制冷系统中的电磁阀，应根据电磁阀制造厂给出的技术参数进行选用，这些技术参数应包括产品型号、通径、接管形式、流量系数和外形尺寸等，以上海恒温控制器厂产品为例，电磁阀的技术参数见表 3-2。

表 3-2 电磁阀的技术参数

型号	通径/mm	接管尺寸/mm	接管形式	流量系数 K_v[①]/$m^3 \cdot h^{-1}$	外形尺寸/mm		
					长	宽	高
FDF6M	6	$\phi 8 \times 1$	扩口/焊接	0.8	100	48	85
FDF8M	8	$\phi 10 \times 1$	扩口/焊接	1.0	100	48	85
FDF10M	10	$\phi 12 \times 1$	扩口/焊接	1.9	126	60	98
FDF13M	13	$\phi 16 \times 1.5$	扩口/焊接	2.6	126	60	98
FDF16M	16	$\phi 19 \times 1.5$	扩口/焊接	3.9	163	72	110
FDF19M	19	$\phi 22 \times 1.5$	扩口/焊接	5.0	163	72	110

型号	通径/mm	接管尺寸/mm	接管形式	流量系数 $K_v^{①}$/m³·h⁻¹	外形尺寸/mm		
					长	宽	高
FDF25M	25	$\phi28×1.5$ $\phi32×3.5$	焊接/法兰	9.8	250~190	86~112	165
FDF32M	32	$\phi38×3$	焊接/法兰	15	190	112	170

①流量系数 K_v 指阀全开时，作用于阀两端的水压差为 0.1MPa，且水的密度为 1000kg/m³ 条件下，每小时流经阀的水量。后同。

电磁阀和主阀组合在一起，可以形成控制式电磁阀，其工作原理和二次开启式（间接作用式）电磁阀无本质区别，主阀结构如图 3-17 所示，它实际上是一个单独的放大执行机构，它不能单独使用，必须与导阀配合使用，导阀作为主阀的控制阀，可以是电磁导阀，也可以是压力导阀（恒压阀）和温度导阀（恒温阀）等，它们与主阀组合在一起，构成组合阀，分别起压力、温度控制作用。

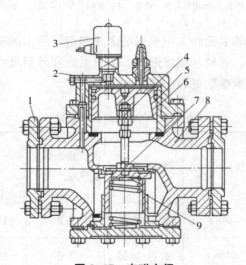

图 3-17　电磁主阀
1—连接法兰　2—阀盖　3—电磁导阀　4—阀杆
5—活塞　6—活塞套　7—阀芯　8—阀体　9—弹簧

图 3-18 是另一种形式的控制式电磁阀。其不同点在于主阀上有一个控制压力接口 2 和两个电磁导阀（A、B）。导阀 A 为常闭型，B 为常开型。使用时，接口 2 必须用外接管引入系统的控制压力 p_2，至少要比阀入口压力 p_1 高出 0.1MPa。当两个电磁阀导阀都通电时，A 打开，B 关闭，控制压力 p_2 引入活塞上腔，使主阀打开；当电磁导阀 A、B 都断电时，A 关闭，B 打开，活塞上腔与阀出口侧接通，控制压力 p_2 释放，主阀关闭。

这种电磁阀由于引入外部控制压力作为驱动力，故阀前后流体压力降为零的情况下，也能够打开和继续维持开启状态，故称为无压降开启控制式电磁阀，特别适用于制冷系统的吸气压力控制，在低蒸发温度的装置中，可以有效地防止吸气压降引起的制冷量减少。

在选用电磁阀时，要查出容量校正系数，并对容量进行修正，按修正的容量选择电磁阀。

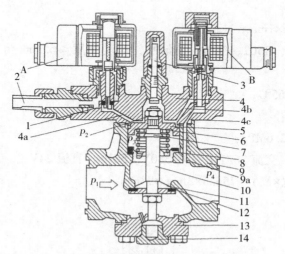

图 3-18　无压降开启控制式电磁主阀

A—电磁导阀（常闭型）　B—电磁导阀（常开型）

1—阻尼孔　2—接口　3—手动顶杆　4—上盖　4a、4b、4c—上盖 4 中的通道　5—伺服活塞　6—弹簧
7—锁环　8—内衬套　9—阀体　9a—阀体中的通道　10—阀杆　11—阀芯　12—阀板　13—底盖　14—堵头

二、三通电磁阀

二位三通电磁阀是电磁阀中的一种特例，它有三个管接口。当电磁线圈通电后，改变连通状态，起控制液体流动方向作用。

早年大多用于活塞式压缩机能量调节系统，即用于气缸卸载式能量调节的油路系统控制。近年来，电冰箱制冷系统为了节能，采用双毛细管系统，必须采用二位三通电磁阀，使二位三通电磁阀的应用量大幅度增加。

1. FDF1.2S1 型三通卸载电磁阀

上海恒温控制器厂生产的 FDF1.2S1 型三通卸载电磁阀是一种直动式二位三通换向电磁阀，适用于制冷、机械、纺织、化工等工业部门，作为液体、气体等不同介质在系统中接通、切断或转换介质的流动方向，可以广泛地用于制冷、气动、液压系统的自动控制上，也可以用于一些保护回路中。该阀采用了全塑封电磁线圈和 DIN 国际标准电气接插装置，使本阀具有优良的绝缘、防水、防湿、抗震和耐酸碱性。其结构如图 3-19 所示，由阀体 5、全塑封电磁线圈 3、接线盒 1、套管组、铁芯 4 五大部件组成。不通电时，压力介质从 p_1 流入、自 p_2 流出；当电磁线圈通电后，铁芯 4 在电磁力的作用下向上运动，打开下阀口，使压力介质流向转为从 p_2 流入，p_0 流出，然后当电磁线圈再失电时（非通电状态下），电磁吸力消失，由于在 p_1 端的压力介质的推力和铁芯 4 的自重作用下，铁芯作向下运动。自行打开上阀口，关闭下阀口，使压力介质的流向恢复原来状态，即 p_1 端流入，p_2 端流出。FDF1.2S1 型三通电磁阀主要技术数据如下：

通径：1.2mm；

接管尺寸：$\phi 6mm \times 1mm$；

介质：R12、R22、R502、空气、清洁水、运动黏度 $\leqslant 65mm^2/s$ 的油及其他干燥、无腐蚀性的液体；

介质温度：$-20 \sim 65℃$；

工作压力：3MPa；

开阀压力差：$0 \sim 2.6MPa$；

线圈：B 级绝缘；交流 36/110/220/380V，50Hz，直流 24V；

外形尺寸（长×宽×高）：75mm×3lmm×94mm。

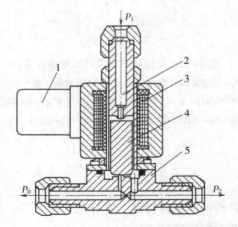

图 3-19   FDF1.2S1 型二位三通电磁阀结构

1—接线盒 2—定电磁芯 3—线圈 4—铁芯 5—阀体

2. ZCYS-4 型三通电磁阀

ZCYS-4 型三通电磁阀也是一种油用二位三通电磁阀，主要用于活塞式压缩机气缸卸载能量调节的油路系统，其结构如图 3-20 所示。图中 a 接口接来自液压泵的高油压；b 接口接能量调节液压缸的油管；c 接口接曲轴箱回油管。电磁线圈断电时，铁芯 4 与滑阀 7 落下，则 a 与 b 接通，液压泵的高压油送往能量调节液压缸，使相应的气缸加载。电磁线圈通电时，铁芯 4 与滑阀 7 被吸起，接口 b 与 c 相通，气缸中的压力油回流至曲轴箱，气缸卸载。

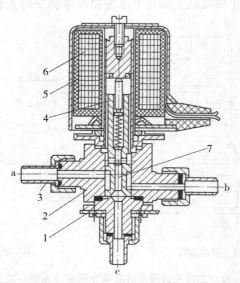

图 3-20　ZCYS-4 型油用二位三通电磁阀结构
1—连接片　2—阀体　3—接管　4—铁芯　5—罩壳　6—电磁线圈　7—滑阀

油用三通电磁阀的主要技术参数如下：

额定直径：4mm；

适用介质：油类；

线圈电源：交流 220V，50Hz，功率 8W；

介质温度：−40~60℃；

最大开启压力差：1.6MPa；

使用环境：t=−20~40℃，ϕ<95%。

3. 电冰箱用二位三通电磁阀

电冰箱用二位三通电磁阀的主要结构特点是：阀体是由不锈钢管和三根毛细管组合焊接而成，全密封，铁芯与阀座等封死在不锈钢管阀体内，电磁线圈套在钢管外，是一种很巧妙的全密封结构形式的电磁阀，电源电压为 220V，但线圈工作电压为直流 24V，电磁阀内有降压整流块。浙江三花集团生产的二位三通电磁阀的主要技术参数如下：

安全工作压力：2.5MPa；

最大工作压力差：1.8MPa；

液管额定压力降：20kPa（R12）、30kPa（R502）、30kPa（R134a）；

线圈电源及功率：交流 220V（±15%），50Hz，4W；

使用环境温度：−20~60℃；

介质温度：−30~95℃；

额定制冷量：0.185kW；

寿命：≥20 万次。

该型电磁阀的外形尺寸与在双毛细管电冰箱制冷系统中的安装如图 3-21 所示。

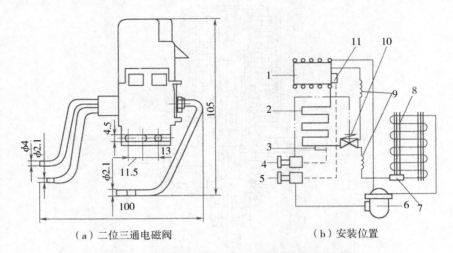

（a）二位三通电磁阀　　　　　（b）安装位置

图 3-21　二位三通阀及其在电冰箱制冷系统中的安装

1—冷冻室蒸发器　2—冷藏室蒸发器　3—冷藏室感温包　4—冷藏室温控器　5—冷冻室温控器

6—压缩机　7—干燥过滤器　8—冷凝器　9—毛细管　10—FDF0.83/ZD 电磁阀　11—冷冻室感温包

三、四通电磁换向阀

如图 3-22 所示，四通电磁换向阀是由一个先导电磁阀（导阀）和一个四通换向阀（主阀）所组合成的阀。由先导电磁阀驱动，使主阀阀体内两侧产生压力差从而使滑块作左右水平方向的位移，以达到改变气体制冷剂流向的阀。

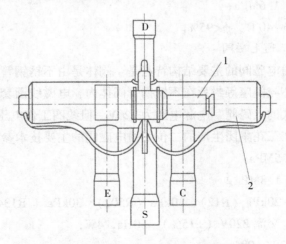

图 3-22　四通电磁换向阀外形图

1—先导电磁阀　2—换向阀

D—接制冷压缩机的排气管　C—接冷凝器的进气管

S—接制冷压缩机的吸气管　E—接蒸发器的回气管

　　空调用热泵机组，无论是空气—空气热泵机组，还是空气—水或水—空气型热泵，都必须安装上四通电磁换向阀来按制冷或制热循环的要求，改变制冷剂流动方向，实现制冷或制热目的，故四通电磁换向阀是空调热泵机组的一个关键控制阀门。它通过电磁导阀线圈的通断电控制，使四通滑阀切换，改变制冷剂在系统中的流动方向；使蒸发器和冷凝器的功能发生切换，实现制冷与制热的二种功能。

　　四通电磁换向阀的结构与工作原理如图 3-23 所示，当电磁导阀处于断电状态［图 3-23（a）］，系统进行制冷循环，此时导阀阀芯左移，高压制冷剂进入毛细管 1，再流入主阀活塞腔 2，同时主阀活塞腔 4 制冷剂排出，活塞及滑阀 3 左移，系统实现制冷循环。当电磁导阀处于通电状态［图 3-23（b）］，系统进行制热循环，此时导阀阀芯在线圈磁场力的吸引下向右移，高压制冷剂先进入毛细管 1，再流入主阀活塞腔 4，同时主阀活塞腔 2 的制冷剂排出，活塞和滑阀 3 右移，系统就切换成供热循环。

　　四通电磁换向阀选用时，主要是按名义容量选配。当然选配时要考虑四通电磁换向阀与制冷系统的最佳匹配问题。因为四通电磁换向阀在热泵系统中，不仅仅只是一种切换专用控制阀体。实验证明，由于该阀装在热泵系统中，在稳定时，系统的 COP 将下降 3%（大型热泵下降可达 8%～10%）。四通电磁换向阀生产厂家提供的名义阀容量，是指在规定工况下通过阀吸入通道制冷剂流量所产生的制冷量，我国机标规定名义工况如下。

（1）冷凝温度 40℃。

（2）送入膨胀阀（或毛细管）液体制冷剂温度 38℃。

（3）蒸发温度 5℃。

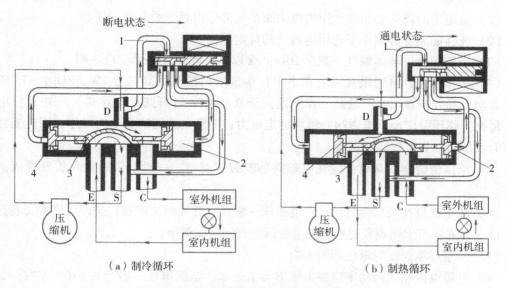

（a）制冷循环　　　　　　　　（b）制热循环

图 3-23　四通电磁换向阀的结构和工作原理图

1—毛细管　2，4—主阀活塞腔　3—滑阀

C—室外盘管接口　D—高压接口　S—低压接口　E—室内盘管接口

（4）压缩机吸气温度 15℃。

（5）通过阀吸入通道的压力降 0.015MPa。

表 3-3 为标准的四通电磁换向型号、接管外径与名义容量。

表 3-3　四通电磁换向阀型号规格

型号	接管外径/mm		名义容量/kW
	进气	排气	
DHF5	8	10	4.5
DHF8	10	13	8
DHF10	13	16	10
DHF18	13	19	18
DHF28	19	22	28
DHF34	22	28	34
DHF80	32	38	80

四、电磁阀在选型时的注意事项

结合不同的需要选择电磁阀，首先应该注重的是电磁阀本身固有的特性。

1. 适用性

（1）管路中的流体必须和选用的电磁阀系列型号中标定的介质一致。

（2）流体的温度必须小于选用电磁阀的标定温度。

（3）电磁阀允许液体黏度一般在 20mm²/s 以下，大于 20mm²/s 应注明。

（4）工作压差，管路最高压差在小于 0.04MPa 时应选用如 ZS、2W、ZQDF、ZCM 系列等直动式和分步直动式；最低工作压差大于 0.04MPa 时可选用先导式（压差式）电磁阀；最高工作压差应小于电磁阀的最大标定压力；一般电磁阀都是单向工作，因此要注意是否有反压差，如有安装止回阀。

（5）流体清洁度不高时，应在电磁阀前安装过滤器，一般电磁阀对介质要求清洁度要好。

（6）注意流量孔径和接管口径；电磁阀一般只有开关两位控制；条件允许要安装旁路管，便于维修；有水锤现象时要定制电磁阀的开闭时间调节。

（7）注意环境温度对电磁阀的影响。

（8）电源电流和消耗功率应根据输出容量选取，电源电压一般允许 ±10% 左右，必须注意交流启动时 VA 值较高。

2. 可靠性

（1）电磁阀分为常闭和常开两种。一般选用常闭型，通电打开，断电关闭；但在开启时间很长关闭时很短时要选用常开型。

（2）寿命试验，工厂一般属于形式试验项目，确切地说我国还没有电磁阀的专业标准，因此选用电磁阀厂家时慎重。

（3）动作时间很短频率较高时一般选取直动式，大口径选用快速系列。

3. 安全性

（1）一般电磁阀不防水，在条件不允许时须选用防水型，工厂可以接受定做。

（2）电磁阀的最高标定额定压力一定要超过管路内的最高压力，否则使用寿命会缩短或产生其他意外情况。

（3）有腐蚀性液体的应选用全不锈钢型，强腐蚀性流体宜选用塑料王（SLF）电磁阀。

（4）爆炸性环境必须选用相应的防爆产品。

4. 经济性

有很多电磁阀可以通用，但在能满足以上三点的基础上应选用最经济的产品。

第三节　主阀

本节通过介绍导阀与主阀组合而成的间接启闭式调节阀在制冷与空调装置中的应用，了解主阀的常用类型、工作原理及应用特点。

制冷装置中的制冷剂流量控制、吸气压力、冷凝压力、蒸发压力控制等，最终均需用调节阀来实现。在中小容量制冷装置中，可用直接作用式控制阀完成，但在大容量系统中，均采用导阀与主阀的组合形式来实现。这种阀门在原理上属于间接启闭式，在结构上把导阀和主阀分开制造，然后用导压管将导阀和主阀连接起来，其组合方式灵活，不同的导阀与不同的主阀配合，例如对温度、压力的控制均可与主阀搭配，可以得到不同的调节效果。

主阀是一种自给放大型执行机构，必须和各种导阀配合使用，完成比例动作的控制，也可作开、关式双位控制。主阀决定于导阀的形式，如将电磁导阀和主阀配合，则主阀只能实现开关型的双位控制。

国内主要是 ZFS 系列主阀，有液用与气用、常开型与常闭型之分，分别用于制冷剂液体与气体管路的控制。常开型主阀在控制压力接通时才关闭，常闭型则在控制压力作用时打开。图 3-24 为液用常闭型主阀的结构与导压控制原理图。导压管未接通控制压力 p' 时，阀入口压力 p' 作用于阀的伺服活塞上腔，活塞上下侧流体压力平衡，在自重与弹簧弹力作用下，主阀处于关闭状态。导压管接通时，活塞上腔压力降为 p'，故活塞下侧压力大于上侧压力，该压力差将活塞抬起，主阀打开。特殊情况下，可借助阀下部手动强制顶杆，打开主阀。

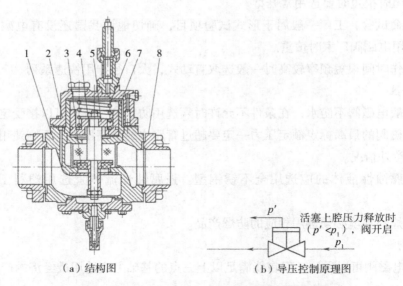

（a）结构图 　　　　　　　（b）导压控制原理图

图 3-24　ZFS-32、50、65YB 液用常闭型主阀

1—阀体　2—阀盖　3—阀芯　4—阀杆　5—活塞　6—主弹簧　7—活塞套　8—法兰

如图 3-25 和图 3-26 所示是国产气用常闭型与常开型主阀结构与控制原理图。常闭型气用主阀原理与液用主阀相似；而气用常开型（图 3-26）主阀要求控制压力 p' 应比阀入口压力高 0.1MPa 以上。当此压力作用到活塞上腔时，阀由全开逐渐关小，直至全关。控制导管未接通时，活塞上腔的高压气体经平衡孔泄出，直到活塞上下流体压力平衡，在弹簧力作用下，活塞上移，阀到全开位置。

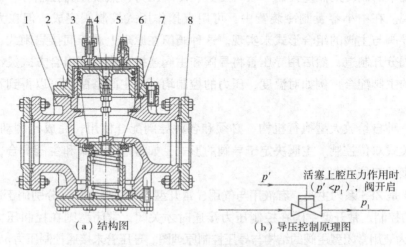

（a）结构图 　　　　　　　（b）导压控制原理图

图 3-25　ZFS-80、100QB 气用常闭型主阀

1—阀体　2—阀盖　3—阀芯　4—推杆　5—活塞　6—活塞套　7—主弹簧　8—法兰

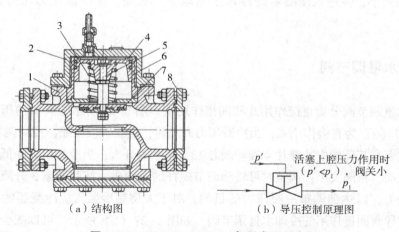

（a）结构图　　　　　（b）导压控制原理图

图 3-26　ZFS-80、100QK 气用常开型主阀
1—阀体　2—阀盖　3—阀芯　4—推杆　5—活塞　6—活塞套　7—主弹簧　8—法兰

国外生产的主阀与导阀品种较完备。导阀除电磁阀、恒压阀外，还有差压阀、恒温阀、热电膨胀阀等，故主导阀的组合功能更丰富。

第四节　水量调节阀

冷凝器是制冷与空调装置中的主要设备之一，其控制参数是压力和温度。由于冷凝器主要状态是饱和状态，因此最有代表性的控制参数为冷凝压力。

冷凝压力偏高，压缩机排气温度会上升、压缩比增大、制冷量减小、功耗增大，容易引起设备的安全事故。冷凝压力偏低，会给热力膨胀阀的工作能力带来损害，阀前后压力差太小，供液动力不足，膨胀阀制冷量减小，使制冷与空调装置失调。为保证制冷系统的正常工作，对冷凝压力必须进行控制。

冷凝器主要有水冷式和风冷式两种，类型不同，冷凝压力的控制方法也不同，但基本原理是相同的，都是通过改变冷凝器的换热能力来实现对冷凝压力的控制。提高冷凝器换热能力，可以降低冷凝压力。

目前国内采用的冷凝压力控制方法主要有两种：一种是直接控制冷凝压力；另一种是用冷凝温度间接控制。两种方法都是通过控制冷凝水量来完成的，因此其水量调节阀分为压力式水量调节阀和温度式水量调节阀两种。水量调节阀一般安装在冷凝器的冷却水管路上（通常安装在冷凝器的进水端），它根据冷凝压力（或冷却水回水温度）的变化来调节冷却水的流量。当压缩机的排出压力升高（即冷凝压力或冷却水回水温度升高）时，阀会自动开大，使较多的冷却水进入冷凝器，加快制冷剂冷凝的速度；反之，当排出压力下降时，阀会自动关小，使进入冷凝器的冷却水量减少。从而，使冷凝压力保持在一定的范围内。

一、压力式水量调节阀

压力式水量调节阀分为直接作用式和间接作用式。图 3-27 所示为典型的压力式水量调节阀。图 3-27（a）为直接作用式，当冷凝压力升高时，波纹管被压缩，推动调节螺杆 14 向下，螺杆通过卡在其环槽中的簧片 4 推动阀芯 13，将水阀开大；当冷凝压力降低时，调节螺杆被弹簧 5 拉动，将阀关小；调整时可转动调节螺杆的六角头，使弹簧座 3 升降，从而改变调节弹簧的张力，以达到调整冷凝压力的目的。对于大型制冷装置，冷凝器的冷却水量较大，故采用有导阀间接作用的冷却水量调节阀，如图 3-27（b）所示，可以减少冷却水压力波动对调节过程的影响。主阀、导阀组件及节流通道由铜或不锈钢制成。在节流通道前面装有镍丝的过滤网 11，以防水中杂质堵塞管道，破坏导阀正常工作，冷凝压力通过传压毛细管接头 1 引至波纹管 3 上侧。在阀底部有泄放塞 10，当阀停用时，旋出泄放塞 10 和主阀底部的螺钉 9 后，可将主阀上部空间的水放出，以免冻裂。调节阀工作时，冷凝压力通过波纹管 3、推杆 4 传递到导阀 7 上。当冷凝压力已达到调定的开启压力时，推杆向下压开导阀，将主阀 12 上部空间的水泄至主阀出口，使主阀上侧压力降低。故主阀在阀前后压差作用下自动打开，冷凝压力升高越大，导阀开度也越大，主阀开度也越大，以增加水量，使冷凝压力回降至调定值。当冷凝压力降到低于阀的开启压力时，导阀就在伺服弹簧 8 的弹力作用下关闭，使主阀上部空间的压力升至与下部空间相同。因为主阀上部有效面积大于下部，故主阀在上下压差和伺服弹簧 8 的张力作用下关闭，切断冷却水的供应。

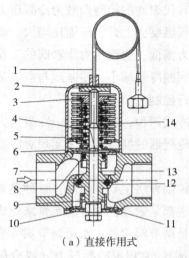

（a）直接作用式

1—传压细管　2—波纹管承压板　3—弹簧座　4—簧片　5—弹簧　6—下部弹簧座　7—O 形圈
8—防漏小活塞　9—导向套　10—底板　11—螺钉　12—阀盘密封橡胶圈　13—阀芯　14—调节螺杆

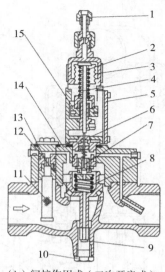

（b）间接作用式（二次开启式）

图 3-27　水量调节阀

1—传压毛细管接头　2—调节弹簧　3—波纹管　4—推杆　5—上部侧盖　6—导阀组件
7—导阀　8—伺服弹簧　9—螺钉　10—泄放塞　11—导阀进口滤网　12—主阀　13—节流通道　14—阀盖　15—调节螺钉

二、温度式水量调节阀

温度式水量调节阀的工作原理和结构与压力式水量调节阀基本相同，不同的是以感温包测量制冷剂的冷凝温度的变化或冷却水回水温度再转换成压力变化去控制阀的开度，典型结构如图 3-28 所示。

温度式水量调节阀没有压力式水量调节阀的动作响应快，但工作平稳，安装温度传感器时，不需要打开制冷系统，保证制冷系统的密封性。

各种形式的冷凝压力调节阀在调整时均应做到：压缩机在停机期间，确保阀处于关闭状态；压缩机刚停机时，由于冷凝压力较高，冷却水量调节阀仍保持开启，使冷凝压力逐渐下降，直至低于阀的调定关闭压力时，冷却水量调节阀才自动关闭。压缩机再次启动时，冷却水量调节阀开始仍保持关闭，直到冷凝压力升高到阀的开启压力时，水量调节阀才自动开启，供水进冷凝器。这样，压缩机停机时，水量调节阀就不会同时关闭，同样压缩机再一次启动时，冷水调节阀也不再会同时打开，一般水量调节阀的关闭压力，总要比开启压力低 0.05MPa 左右。

为保证停机时冷却水量调节阀总是关闭的，以降低水量消耗，阀的关闭压力总是调得高一些。调整时，可以将阀的关闭压力设定在冷凝器安装环境处夏季最高温所对应的制冷剂饱和压力值。

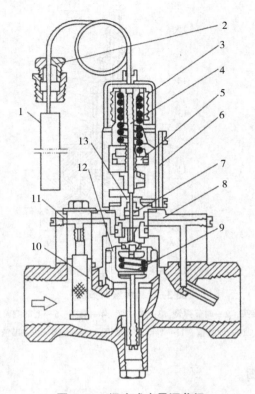

图3-28 温度式水量调节阀
1—感温包 2—毛细管 3—波纹管 4—推杆 5—调节螺母 6—上部侧盖 7—隔热垫
8—阀盖 9—伺服弹簧 10—接口滤网 11—节流通道 12—主阀 13—导阀组件

第五节 风量调节阀

风量调节阀用在空调、通风系统管道中，用来调节支管的风量，也可用于风与回风的混合调节。按调节方法分为手动和电动，如图3-29所示，是通过阀门叶片（也称挡风板）的开合角度来控制风量大小，其启闭转角度为90°，阀门为密闭结构。手动阀调节机构分为手柄式和涡轮蜗杆式，通过调节叶片的开合角度来控制风量的大小，电动阀的叶片开合角度由电动机控制。按密封性分成密闭型和普通型。按外形分为矩形、方形、圆形和椭圆形四种。按所用材料分为铁板、镀锌板、铝合金板、不锈钢板四种。按风阀叶片的运动方式分为对开式多叶风阀、平行式多叶风阀、菱形叶片风阀和蝶阀四类。电动与自控系统配套可以自动控制调节风量，广泛用在工业和民用空调及通风系统中，以达到精确控制风量的目的。下面主要介绍对开多叶风量调节阀和钢制蝶阀。

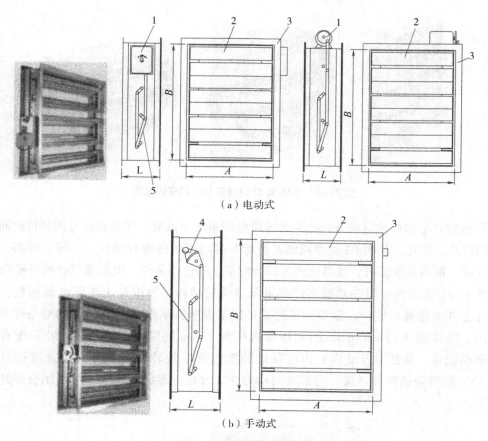

（a）电动式

（b）手动式

图 3-29 普通风量调节阀
1—电动机 2—叶片 3—外框架 4—手柄 5—连杆

一、对开多叶风量调节阀

对开多叶风量调节阀一般用在空调的通风系统管道中，用来调节支管的风量，也可用于新风与回风的混合调节。该阀分为手动和电动两种，按密封性来分，还可以分成密闭型和普通型两种。电动型可以自动控制调节风量与自控系统配套。

如图 3-30 所示，为妥思空调设备（苏州）有限公司所生产的 SLC 型对开多叶调节阀，其结构形式包括方形、矩形、圆形以及椭圆形等。风阀外框体由带导槽构架装配而成，边角部位加固的托架和孔洞可以保证阀门在大多数法兰风管系统中的安装，整个结构结实、耐用。阀门叶片采用双机翼型构造。风阀提供叶片对开动作，叶片尖端部位的密封装置保证该风阀在有较小泄漏量要求的场合使用。

图 3-30　妥思 SLC 型对开多叶风量调节阀

妥思 SLC 型多叶风量调节阀是专为通风空调系统中风量、气流和压力调节目的而设计的阀门产品。而且,其中 C2 类型风阀的边缘和尖端部位还带有密封,保证了风阀关闭时的气密度。根据具体要求,该类风阀可以装配手动限位四分仪、电动或气动执行机构。

图 3-31 所示为妥思 SLC 型多叶风量调节阀的结构,外框架 1 使用电镀钢板,机翼形叶片 2 外包延展性铝材,驱动轴 3 把手采用工程塑料制作,可以保证80℃条件下的正常使用,叶片通过 12mm×6mm 的轴体与直径为 12mm 的驱动末端相连。叶片带有标准边部联动装置,保证对开动作。边部联动装置包含一块转轴和连杆,两者通过直径为6mm 的插销驱动的平杆连接。边部密封均为 302 或相同等级不锈钢,可以闭合叶片与框体间隙。

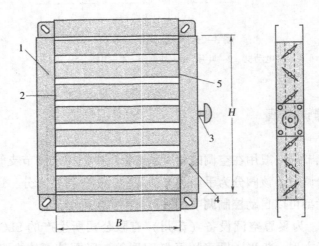

图 3-31　妥思 SLC 型多叶风量调节阀结构
1—外框架　2—翼形叶片　3—驱动轴　4—连杆部位　5—边部密封

FT 型对开多叶风量调节阀的结构和工作原理与妥思 SLC 型对开多叶风量调节阀基本一致,其阻力系数和流量调节特性见表 3-4 和表 3-5。

表 3-4 FT 型多叶对开风量调节阀阻力系数

阀门开启角度 α/（°）	90	72	54	36	18	0
阻力系数 ζ	0.43	1.05	6.28	34.32	401.44	3656.54

表 3-5 FT 型风量调节阀流量调节特性

连管风速/ m·s^{-1}	风量/ m^3·h^{-1}	流量百分比/%						相对阻力 /m
		90°	72°	54°	36°	18°	0°	
7.0	3970	100	62.2	30.1	12.5	3.6	1.2	0.305
6.0	3460	100	64.4	30.1	12.7	3.7	1.2	0.279
5.0	2880	100	66.3	30.2	13.2	3.9	1.2	0.294
4.0	2300	100	68.3	31.9	13.8	3.9	1.3	0.272
3.0	1730	100	70.5	32.9	14.5	4.0	1.4	0.230
流量平均百分比/%		100	66.3	31.0	13.3	3.8	1.3	—

电动风量调节阀的电动执行器有方形、圆形两种。方形电动执行器可以手动脱开电动机齿轮，进行手动调节，而圆形电动执行器不可以。圆形电动执行器运转较平稳，可输出反馈电信号与自动控制系统连锁。

QDZ 电动执行器原理如图 3-32 所示。电动风量调节阀如图 3-33 所示，ZAJ 电动执行器原理如图 3-34 所示。

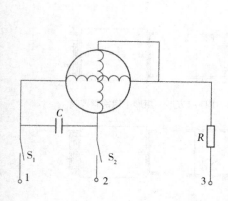

图 3-32 QDZ 电动执行器原理

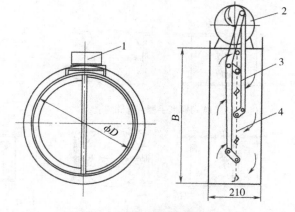

图 3-33 电动风量调节阀

1—QDZ 电动执行器 2—ZAJ 电动执行器 3—连杆 4—叶片

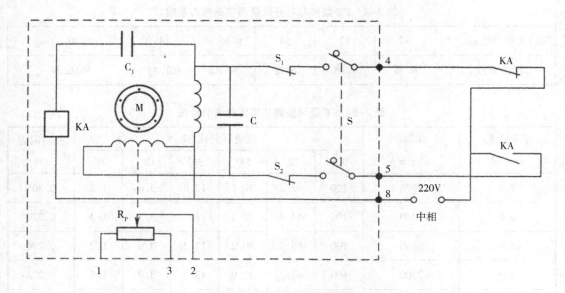

图 3-34 ZAJ 电动执行器原理

M—可逆电动机 RP—滑动触点电位计 C—分相电容器 C₁—制动电动机继电器电容器

S—自动、手动切换开关 KA—制动继电器 S₁，S₂—微动开关

二、钢制蝶阀

钢制蝶阀通常有圆形、方形和矩形三种，钢制蝶阀主要型号为 T302-1~9。它们与 FT 多叶对开风量调节阀一样，一般在通风、空调管道的支线管道中起调节风量的作用。按使用方式又分为手柄式和拉链式，结构如图 3-35 所示。

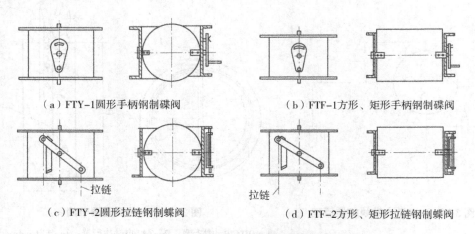

（a）FTY-1圆形手柄钢制碟阀　　　　（b）FTF-1方形、矩形手柄钢制碟阀

（c）FTY-2圆形拉链钢制蝶阀　　　　（d）FTF-2方形、矩形拉链钢制蝶阀

图 3-35 圆形、方形、矩形钢制蝶阀结构

第六节　防火阀与排烟阀

高层及其他各类现代建筑大都设有通风、空调及防排烟系统，一旦发生火灾，这些系统中的管道将成为火焰、烟气蔓延的通道。一个复杂的送风排烟系统，管路错综复杂。在空调送风系统中，送风机送出的风必须通过主管道分配到各支管中去；在排风或排烟系统中，风或烟由各支管汇集到主管道后进入排风机排出。那么，无论是送风系统或排烟系统中，如果没有任何阻挡的话，送风量和排烟量就无法控制，不需要送风或排烟的部位出现大量送风、排烟的情况，而需要送风或排烟的部位却不送风、排烟或只是少量送风、排烟。为了把不需要送风、排烟部位的管路切断，这就需要阀门装置。

另外，送风排烟系统中各部分的风量虽然通过管路计算，并进行相应的管路设计。但是，一方面理论计算与实际情况存在着一定的偏差，另一方面系统的运行工况在不断变化，因而必须对系统各部分的风量进行相应的调节，这又需要阀门装置。

还有，某些通风设备，如离心式通风机等，在启动时最好是空载启动，因为这样电动机的启动电流最小，对安全有利。这就需要在启动之前把系统管路切断。当风机进出口带有开关时，一般是把进口或出口关闭即可，如进出口不带开关，则必须通过阀门装置来控制。

防火阀用于有防火要求的通风空调系统的送回风管道的吸入口与进口处，通常安装在风管的侧面或风管末端及墙上，平时呈开启状态作风口使用，可调节送风气流方向，火灾发生时阀门上的易熔片在管道内气体温度达到70°时，动作，使阀门关闭，自动封闭烟火的通道，切断火势与烟气管的连接，防止高温气体和火焰向其他房间蔓延，有效地将火灾控制在尽可能小的范围内，以减少财产损失和人员的伤亡。

排烟防火阀简称排烟阀，安装在排烟系统管道上，平时呈关闭状态，火灾时当管道内气体温度达到280℃时自动开启，以防止火灾时高温有毒烟气积聚，引起毒性加重。

防火排烟产品按其控制方式（手控、电控、温控、远控、调节）及结构形状（圆形、矩形、板式、多叶）可构成多种型号。防火阀、排烟阀作为制冷空调设备和建筑防火、排烟系统的一个重要组成部分，其质量的好坏直接关系着上述系统设置的成败，关系着建筑防火的安全及人员疏散的安全。

一、防火阀

防火阀包括自重翻板式防火阀、防火调节阀、防火风口、气动防火阀、防烟防火阀、电子自控防烟防火阀等多种产品，防火类产品型号及功能如表3-6所示。下面介绍自重翻板式防火阀、防烟防火阀和远控防烟防火阀。

表3-6　防火类产品型号及功能　　　　　　　　　　单位：mm

序号	名称	型号	功能代号	功能特征	外形	规格
1	自重翻板式防火阀	FHF-1	F	70℃易熔片熔断，阀门靠自重关闭，手动复位，用户有特殊要求可加输出电信号装置	矩形	≥100×100×100
2		FHY-1	F		圆形	≥φ120×120
3		FHF-2	F		矩形	250×250
4	防火阀	FFH-1	FD	70℃自动关闭，还可手动关闭，手动复位，输出电信号	矩形	≥300×300×320
5		FFH-6	FD		圆形	≥φ300×400
6	防火调节阀	FFH-2	FVD	70℃自动关闭，还可手动关闭，手动复位，0~90℃五档风量调节，输出电信号	矩形	≥300×300×320
7		FFH-7	FVD		圆形	≥φ300×400
8	防烟防火调节阀	FFH-3	SFVD	70℃自动关闭，电信号直流24V关闭，手动复位，0~90℃五档风量调节，输出2路电信号	矩形	≥300×300×320
9		FFH-8	SFVD		圆形	≥φ300×400
10	小型防火调节阀	FFH-4	FVD_1	70℃自动关闭，还可手动关闭，手动复位，0~90℃无级风量调节，可输出电信号	矩形	≥300×300×200
11		FFH-5	FVD_1		圆形	≥φ300×300
12	方圆形防火阀	FFH-9	FD	同FFH-1	方圆形	≥D300
13		FFH-10	FVD	同FFH-2	方圆形	≥D300
14		FFH-11	SFVD	同FFH-3	方圆形	≥D300
15	扁圆形防火阀	FFH-12	FD	同FFH-1	扁圆形	≥200×100
16		FFH-13	SFVD	同FFH-2	扁圆形	≥200×100
17		FFH-14	SFVD	同FFH-3	扁圆形	≥200×100
18	防火风口	FFH-15	FVD_2	70℃（或280℃）自动关闭，风量调节，手动复位	矩形	≥250×250
19		FFH-16	FVD_2		圆形	≥φ250
20	远控防烟防火调节阀	FFH-17	BSVFD	电信号直流24V关闭，手动复位，0~90℃无级风量调节，输出2路电信号	矩形	≥300×300×320
21		FFH-18	BSVFD		圆形	≥φ250

（一）自重翻板式防火阀

如图3-36所示，自重翻板式防火阀由阀体、阀板、轴、易熔片、自锁装置等组成，是一种具有感温（易熔片3）控制，借偏重块的重力使叶片（阀板）自行关闭的重力式防火阀。叶片采用厚度4mm的模压件，叶片一侧加偏重块。自重翻板式防火阀主要有FHF-1型、FHF-2型和FHY-1型几种，分别如图3-36~图3-38所示。通常安装在通风、空调系统的管道中，也可安装在防火墙上，平时常开。FHF-2型多叶防火阀是在FHF-1型的基础上改进了设计，阀体两法兰面间的尺寸可以大大减少，但无检查门，若需要可单独定制管道修理门，装在靠近防火阀的管道上。当风管内气温超过70℃时，易熔片熔断，叶片在重力作用下自动关闭。根据用户要求，可安装电信号与有关送风设备连锁。

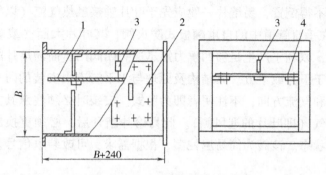

图3-36　FHF-1型自重翻板式防火阀

1—阀板（叶片）　2—检查门　3—易熔片　4—轴

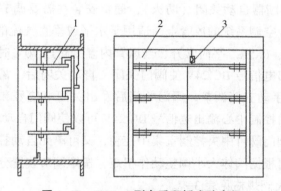

图3-37　FHF-2型自重翻板式防火阀

1—阀板（叶片）　2—轴　3—易熔片

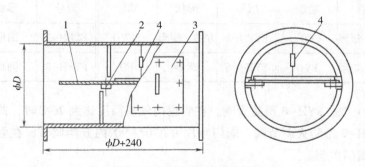

图3-38　FHY-1型防火阀

1—阀板（叶片）　2—轴　3—检查门　4—易熔片

自重翻板式防火阀有卧式和立式两种。装于水平管道中呈卧式放置的为卧式，装于垂直管道中的为立式。平时偏重的叶片由易熔片挂着而处于通风的常开状态。当管道内气流温度达到易熔片熔断温度（一般定为70℃）时，易熔片熔断，叶片由于偏重产生重力矩而绕轴向下转动自行关闭，阻断热气流及火焰通过，防止其蔓延，因此水平安装的自重式防火阀应注意阀体不得倒置，易熔片一般应先于叶片轴接触热气流（以气流箭头方向标记为准）。立式安置在垂直管道中的自重翻板式防火阀，其叶片大面（或重块一面）应处于上方，并略有倾斜，以利于产生足够的重力矩迅速关闭阀门，而易熔片的设置则应按气流向上或向下分别处于下方或下方。其结构及原理与水平管道中安装的防火阀大同小异，订货时务必注明立式和气流方向，不注明者即为卧式。安装时必须注意其方向性，易熔片应先于叶片轴接触热气（即叶片的迎风侧）。此易熔片断开后，必须更换新片，然后手动复位使阀板恢复开启状态。该阀为简易温控型，根据需求，可改装电信号及与相关设备连锁装置。

（二）防烟防火阀

防烟防火阀既设有温度熔断器又与烟感器联动，依靠烟感控制动作，电动关闭（防烟），也可70℃温度熔断器自动关闭（防火），通常安装在需要调节风量或需要用电信号控制阀门关闭的通风、空调系统的风管上，适用于水平或垂直气流的风管。采用SFVD控制装置，电源DC 24V，0.5A。平时常开，当风管内温度超过70℃时，熔断器熔断，阀门关闭。由控制中心输出电信号DC 24V使阀门关闭。自动关闭后，需要手动复位。阀门叶片可在0°~90°范围内手动五档调节。阀门关闭后发出关闭电信号和风机连锁信号。当需要阀门再次打开时，由控制中心输出电信号DC 24V可以使阀门自动复位到原先开启状态，并可连锁风机动作。阀门既可中央控制室集中控制，又可单元自动控制。全自动控制装置设有扭矩调节装置，可根据阀体大小调整动作扭矩，扭矩调节装置分为弱、中、强三档。

FYH系列防烟防火阀规格见表3-7。

表3-7 FYH系列防火阀规格

型号	形状	功能	型号	形状	功能	型号	形状	功能
FYFH-1	方形、矩形	FD	FYFH-3	方形、矩形	SFVD	FYFH-7	圆形	FVD
FYFH-2	方形、矩形	FVD	FYFH-6	圆形	FD	FYFH-8	圆形	SFVD

对于FYH-1型、FYH-6型防火阀，在管道内气流温度达到70℃时，阀门关闭；对于FYH-2型、FYH-7型防火调节阀，阀门叶片可在0°~90°内五档调节，在管道内气流温度达到70℃时，阀门关闭。

（三）远控防烟防火阀

远控防烟防火阀有FYH-17型、FYH-18型两种，主要由弹簧机构、温度熔断器、远程控制机构和叶片组成，一般用在通风、回风管道上。在较复杂地形，而且又需要经常调节的地方也比较适用（FYH-17 型为方形、FYH-18 型为圆形，功能相同）。

1. 小型控制装置原理及调整方法

小型控制装置结构如图 3-39 所示。当气流达到 70℃，易溶片 2 熔断，易熔杆芯 3 在弹簧 4 的作用下迅速向下移动。此时叶片轴 9 在扭簧 8 的作用下迅速转动，阀门关闭。调整叶片开启角度时，松开蝶形螺母 6，转动手柄 7，根据角度标牌确定叶片开启角度，然后再拧紧蝶形螺母 6。

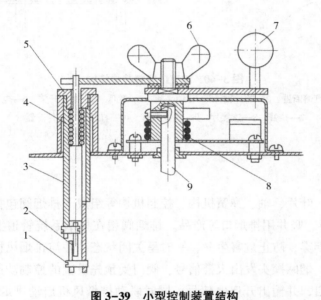

图 3-39　小型控制装置结构

1—固定螺钉　2—易熔片　3—易熔杆芯　4—弹簧　5—螺母　6—蝶形螺母
7—转动手柄　8—扭簧　9—叶片轴

松开螺母 5，拧下固定螺钉 1，取下熔断的易熔片 2，可换上新的易熔片。装上固定螺钉 1，压下弹簧 4，拧紧螺母 5，将温度熔断器放入固定套内，把拨叉放好，扳动手柄调整叶片角度，拧紧蝶形螺母 6，调整完毕，注意易熔片需迎着气流方向装设。

2. SFVD 控制装置

SFVD 控制装置结构如图 3-40 所示。当发生火灾时，烟感（或温感）发出火警信号给控制中心，控制中心接通 DC 24V 电信号给电磁铁 6，电磁铁工作。拉动杠杆 10 使杠杆与棘爪 4 脱开，棘爪 4 与阀体叶片上的轴 2 固定在一起，此时叶片在阀体弹簧力作用下，迅速关闭，当气流温度达到 70℃时，温度熔断器 1 内的易熔片熔断，易熔杆在压簧作用下迅速向下移动，连接片 8 失去定位。在拉簧 7 的作用下，杠杆 10 与棘爪 4 脱开，阀门关闭。手拉动杠杆也可使杠杆 10 与棘爪 4 脱开，阀门关闭。

阀门关闭的同时，棘爪上的凸轮压合微动开关 5 的触点，切断电磁铁 6 电源，此时也接通微动开关 5，输出阀门关闭信号。

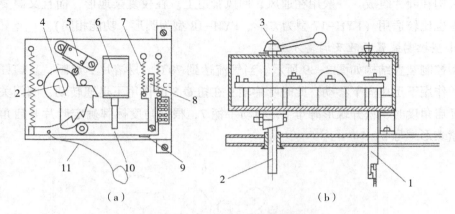

图 3-40　SFVD 控制装置结构

1—温度熔断器　2—叶片轴　3—转动手柄　4—棘爪　5—微动开关　6—电磁铁
7—拉簧　8—连接片　9—限位螺钉　10—杠杆　11—传感器

二、排烟阀

排烟阀由阀体、叶片、轴、弹簧机构、控制机构等组成。排烟阀包括排烟防火阀、板式排烟口（顶棚用）、竖井用排烟口等产品。排烟阀用在排烟系统管道上或排烟风机的吸入口处，排除有害烟雾，防止危害生命，平时呈关闭状态，并与排烟风机连锁线路产生联动。当火灾发生时，烟感探头发出火警信号，阀门受预先设置的控制功能驱动，使叶片受弹簧力作用自动开启，并输出开启电信号，同时联动排烟风机启动排烟，通风空调停机。管道内烟气温度达到 280℃时，温度传感器动作，控制机构驱动阀门关闭，连锁排烟风机停机，以隔断气流，阻止火势蔓延。

（一）类型简介

1. 排烟防火阀

排烟防火阀有 FPY-2（SFD）型和 FPY-6（SFD）型两种，其结构如图 3-41 所示。

性能：电信号 DC 24V±2.4V 将阀门打开；手动可使阀门打开；手动复位；温度达到 280℃时阀门关闭；阀门动作后输出开启信号，根据用户要求可以与其他设备连锁。

2. 远控排烟阀

远控排烟阀有 FFY-4（BSD）型、PFY-8（BSD）型。一般安装在系统的风管上或排烟口处，平时常闭，发生火灾时，烟感探头发出火警信号，控制中接通 DV 24V 电压给阀上远程控制器上的电磁铁，使阀门迅速打开，也可手动迅速打开阀门，手动复位。人能够在房间内远程操纵阀门。

远控排烟阀 FPY-4（BSD）型的外形与 FPY-5（BSFD）型相似，不带温度传感器。
远控排烟阀 FPY-8（BSD）型的外形与 FPY-7（BSFD）型相似，不带温度传感器。

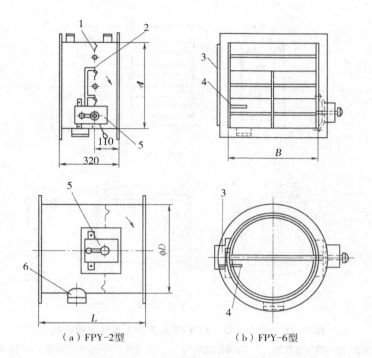

（a）FPY-2型　　　　　　　　（b）FPY-6型

图 3-41　FPY-2 型、FPY-6 型排烟防火阀结构

1—叶片　2—连杆　3—弹簧机构　4—温度熔断器　5—控制机构　6—观察窗

3. 远控排烟防火阀

远控排烟防火阀有 FPY-5（BSFD）型、FPY-7（BSFD）型两种。一般安装在排烟系统的风管上或排烟口处，平时常闭。发生火灾时，烟感探头发出火警信号，控制中心接通 DV 24V 电压给阀上远程控制器上的电磁铁，使阀门打开，也可在房间内手动打开阀门。当温度达到 280℃时，易熔片断开，阀门自动关闭。

性能：电信号 DC 24V±2.4V 将阀门打开；远距离手动可使阀门打开；远距离手动复位；温度达到 280℃时，阀门关闭；阀门动作后，开启信号，根据用户要求可以与其他设备连锁。

FPY-5 型、FPY-7 型远控排烟防火阀结构如图 3-42 所示。

4. FPY-18 型回风排烟防火阀

FPY-18 型回风排烟防火阀主要用在回风、排烟合二为一的管道中。这种管道平时作为回风管道，发生火灾时，阀体可有选择的关闭或打开，管道则起到排烟管道作用。其具体功能是：阀体叶片平时由左右两个 SD 控制盒手动牵引打开，管道作回风管用。当某一区域烟感报警，控制中心发出电信号，所有阀体的左侧控制盒动作，阀体叶片关闭，管道全部封闭。此后烟感探明发出烟区域，控制中心再向此区域发出电信号，此区域的阀体右侧控制盒动作，阀体叶片打开，这段区域的管道则成为排烟管道。当火蔓延至阀体时，阀板处 280℃易熔片断，阀板落下，切断管道，阀体起到防火阀的作用。

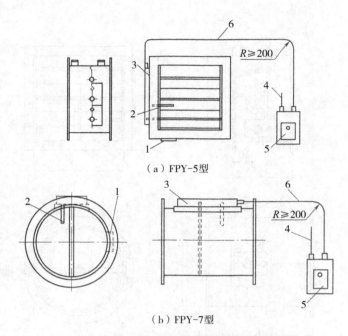

（a）FPY-5型

（b）FPY-7型

图3-42　FPY-5型、FPY-7型远控排烟防火阀结构

1—观察窗　2—温度熔断器　3—弹簧控制机构　4—电缆线　5—远程控制器　6—控制缆绳

该阀在一组动作完毕后，需手动复位，方可进行下一组动作。其结构如图3-43所示。

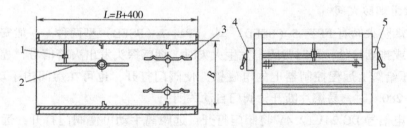

图3-43　FPY-18型回风排烟防火阀

1—易熔片　2—阀板　3—叶片　4—左控制盒　5—右控制盒

（二）排烟阀控制装置及作用原理

1. SD型控制装置操作原理

SD型控制装置如图3-44所示。火灾发生时，烟感探头5发出火警信号，控制中心接通DC 24V电源供给电磁铁4。通电后，电磁铁工作，通过连接片将杠杆6与叶片主轴连接的棘爪2脱开，叶片在拉簧作用下迅速打开，阀门打开的同时主轴上凸轮压紧微动开关3的触点，输出阀门开启信号。双微动开关也可联动其他设备，也可手动拉绳使杠杆6与棘爪2脱开，叶片在弹簧拉力作用下迅速打开。复位时，将主轴上复位手柄按逆时针旋转使棘爪2与杠杆6啮合，复位完毕。

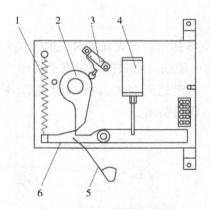

图 3-44　SD 型控制装置

1—弹簧　2—棘爪　3—微动开关　4—电磁铁　5—烟感探头（传感器）　6—杠杆

2. BSD 型控制装置操作原理

BSD 型控制装置如图 3-45 所示。火灾发生时，烟感探头发出火警信号，控制中心接通 DC 24V 电源供给电磁铁。电磁铁动作，将杠杆 5 与棘爪座挂钩 8 脱开，在拉簧 7 的作用下，棘爪座挂钩 8 向左转动，使棘爪 2 抬起与滚筒上的棘轮脱开。阀门在叶片拉簧作用下将钢丝绳拉回，阀门迅速打开，此时微动开关 3 的触点被棘爪座的压片压合，输出开启信号或与其他消防系统连锁，也可手动按下手动按钮 6，使杠杆挂钩 5 和棘爪座挂钩 8 脱开，迅速打开阀门，同样实现上述动作。阀门复位时，将复位按钮 9 向所指的方向拉下，使杠杆挂钩与棘爪座挂钩 8 啮合，棘爪轮被棘爪 2 撑住，滚筒 1 不得倒转，将复位手柄插入限位装置 10 中，顺时针方向旋转，将钢丝绳卷绕在滚筒 1 上，此时钢丝绳拉力克服阀体上叶片拉簧力将阀门关闭，阀门处于正常位置。

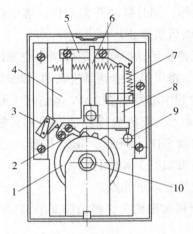

图 3-45　BSD 型控制装置

1—滚筒　2—棘爪　3—微动开关　4—电磁铁　5—杠杆　6—手动按钮；

7—拉簧　8—棘爪座挂钩　9—复位按钮　10—限位装置

3. BSFD 型操作装置原理

BSFD 型操作装置如图 3-46 所示。火灾发生时，烟感探头发出火警信号，控制中心接通 DC 24V 电源供给控制机构电磁铁。电磁铁动作或手动动作，钢丝绳 4 随杠杆被拉簧 5 拉回，阀门迅速开启。当烟气温度达到 280℃时，温度熔断器动作，芯轴缩入，转动片 3 失去阻力，在拉簧 8 作用下，阀门关闭。

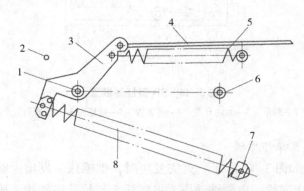

图 3-46 BSFD 型操作装置

1—主轴 2—限位销 3—转动片 4—钢丝绳 5—拉簧 1 6—叶片轴 7—温度熔断器 8—拉簧 2

4. 系统电气控制原理

系统电气控制原理如图 3-47 所示，图中 M_1 表示排烟风机或加压送风机，M_2 表示通风空调系统的排风机，M_3 表示空调机，HL 表示火警指示灯，KA 表示防火阀、排烟阀与风机连锁的继电器。

当火灾发生时，烟感（或温感）探头发出火警信号给控制中心，控制中心接通 DV 24V 电源，防火或排烟阀门动作，同时微动开关动作，继电器 KA 工作，使排烟风机或加压风机 M_1 启动，排风机和空调风机停止。

如要选双微动开关时，无论是手动控制还是控制中心发出 DC 24V 电信号控制，都能使排烟风机（或加压送风机）、排风机、空调风机联动，此时继电器 KA 的控制电压为 AC 220V。若选单微动开关时，控制中心发出 DC 24V 电信号，可以联动排烟风机（或加压送风机）。如手动使防火排烟阀动作，要等到控制中心得到火警发出 DC 24V 电信号后才能联动其他设备，否则要靠人按动 SBT_1、SBT_3、SBP_2 按钮。

空调防火排烟系统控制要求如图 3-48 所示。

防火阀与排烟阀安装时应注意以下几点。

（1）防火阀、排烟阀应严格按图施工，单独设支吊架，以避免风管在高温下变形，影响阀门功能；

（2）阀门在吊顶上或在风道内安装时，应在吊顶板上或风道壁上设检修人孔，一般人孔尺寸不小于 450mm×450mm，在条件限制时，吊顶检修人孔也可减小至 300mm×300mm；

（3）防火阀与防火墙（或楼板）之间的风管应采用 $\delta \geq 1.5$mm 的钢板制作，最好再在风管管外用耐火材料保温隔热或不燃性材料保护，以保证防火墙的耐火性能；

（4）在阀门的操作机械一侧应有 350mm 的净空间，以利于检修。

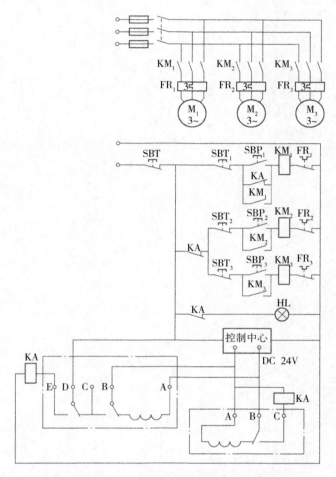

图 3-47　空调防火排烟系统电气控制原理图

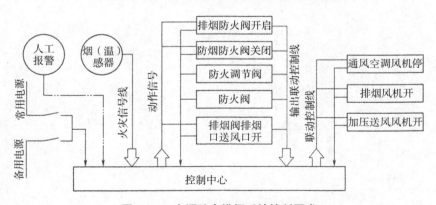

图 3-48　空调防火排烟系统控制要求

第四章　制冷空调装置自动控制系统常规传感器

传感器是指能感受规定的被测量并按照一定的规律转换成可用输出信号的器件或装置，通常由敏感元件和转换元件组成。敏感元件能直接感受或响应被测量的部分，转换元件能将敏感元件感受或响应的被测量转换成适于传输或测量的电信号部分。传感器的作用是将被测非电物理量转换成与其有一定关系的电信号，它获得的信息正确与否，直接关系到整个控制系统的精度。传感器的组成如图4-1所示。其中接口电路的作用是把转换元件输出的电信号变换为便于处理、显示、记录和控制的可用电信号，其电路的类型视转换元件的不同而定，经常采用的有电桥电路和其他特殊电路，例如高阻抗输入电路、脉冲电路、振荡电路等。有的传感器需要外加电源才能工作，辅助电源起到供给转换能量的作用，例如应变片组成的电桥、差动变压器等；有的传感器则不需要外加电源便能工作，例如压电晶体等。

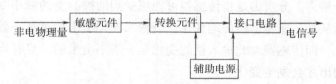

图4-1　传感器组成框图

不是所有的传感器必须包括敏感元件和转换元件。如果敏感元件直接输出的是电量，它就同时兼为转换元件；如果转换元件能直接感受被测量而输出与之成一定关系的电量，此时传感器就无敏感元件。例如压电晶体、热电偶、热敏电阻及光电器件等。敏感元件与转换元件两者合二为一的传感器是很多的。

由某一原理设计的传感器可以同时测量多种非电物理量，而有时一种非电物理量又可以用几种不同传感器测量。因此传感器的分类方法有多种，按被测量的性质来分，可分为温度传感器、湿度传感器、压力传感器、位移传感器、流量传感器、液位传感器、力传感器、加速度传感器及转矩传感器等。

传感器的特性包括静态特性和动态特性。

（1）传感器的静态特性。传感器的静态特性是指对静态的输入信号，传感器的输出量与输入量之间所具有的相互关系。因为这时输入量和输出量都和时间无关，所以它们之间的关系，即传感器的静态特性可用一个不含时间变量的代数方程，或以输入量作横坐标，把与其对应的输出量作纵坐标而画出的特性曲线来描述。表征传感器静态特性的主要参数有线性度、灵敏度、分辨力和迟滞特性等。

①传感器的线性度。通常情况下，传感器的实际静态特性输出是条曲线而非直线。在实际工作中，为使仪表具有均匀刻度的读数，常用一条拟合直线近似地代表实际的特性曲线、线性度（非线性误差）就是这个近似程度的一个性能指标

拟合直线的选取有多种方法。如将零输入和满量程输出点相连的理论直线作为拟合直线；或将与特性曲线上各点偏差的平方和为最小的理论直线作为拟合直线，此拟合直线称为最小二乘法拟合直线。

②传感器的灵敏度 S。灵敏度是指传感器在稳态工作情况下输出量变化 $\triangle y$ 与输入量变化 $\triangle x$ 的比值。

它是输出—输入特性曲线的斜率。如果传感器的输出和输入之间呈线性关系，则灵敏度 S 是一个常数。否则，它将随输入量的变化而变化。

灵敏度的量纲是输出、输入量的量纲之比。例如，某位移传感器，在位移变化 1mm 时，输出电压变化为 200mV，则其灵敏度应表示为 200mV/mm。

当传感器的输出、输入量的量纲相同时，灵敏度可理解为放大倍数。

提高灵敏度，可得到较高的测量精度。但灵敏度越高，测量范围越窄，稳定性也往往越差。

③传感器的分辨力。分辨力是指传感器可能感受到的被测量的最小变化的能力。也就是说，如果输入量从某一非零值缓慢地变化。当输入变化值未超过某一数值时，传感器的输出不会发生变化，即传感器对此输入量的变化是分辨不出来的。只有当输入量的变化超过分辨力时，其输出才会发生变化。

通常传感器在满量程范围内各点的分辨力并不相同，因此常用满量程中能使输出量产生阶跃变化的输入量中的最大变化作为衡量分辨力的指标。上述指标若用满量程的百分比表示，则称为分辨率。

④传感器的迟滞特性。迟滞特性表征传感器在正向（输入量增大）和反向（输入量减小）行程间输出一输入特性曲线不一致的程度，通常用这两条曲线之间的最大差值 Δ_{MAX} 与满量程输出 $F.S$ 的百分比表示。

迟滞是因传感器内部元件存在能量的吸收而造成。

（2）传感器的动态特性。所谓动态特性，是指传感器在输入变化时的输出特性。在实际工作中，传感器的动态特性常用它对某些标准输入信号的响应来表示。这是因为传感器对标准输入信号的响应容易用实验方法求得，并且它对标准输入信号的响应与它对任意输入言号的响应之间存在一定的关系，往往知道了前者就能推定后者。最常用的标准输入信号有阶跃信号和正弦信号两种，所以传感器的动态特性也常用阶跃响应和频率响应来表示。

第一节　温度传感器

一、金属热电阻传感器

热电阻传感器是利用金属导体的电阻值随温度的变化而变化的原理进行测温的。最基本的热电阻传感器由热电阻、连接导线及显示仪表组成。热电阻广泛用于测量$-200 \sim$ 850℃范围内的温度，特殊情况下，低温可测至 1K（-272.15℃），高温可测至 1200℃。测量准确度高，性能稳定。通过研究发现，金属铂（Pt）的电阻值随温度变化而变化，并且具有很好的重现性和稳定性，所以金属热电阻的主要材料是铂（Pt）和铜（Cu）。通常使用的铂电阻温度传感器零度阻值为 100Ω，电阻变化率为 0.3851Ω/℃。

（一）金属热电阻的温度特性

热电阻的温度特性是指热电阻 R_t 随温度 t 变化而变化的特性，即 R_t-t 之间的函数关系。如图 4-2 所示为铂（Pt_{100}）热电阻的电阻—温度特性曲线。

1. 铂热电阻的电阻—温度特性

铂电阻的特点是测温精度高、稳定性好，所以在温度传感器中得到了广泛应用。铂电阻的应用范围为$-200 \sim 850$℃。

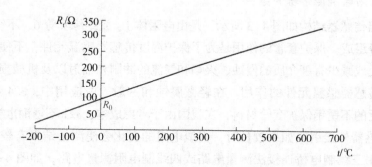

图 4-2　铂（Pt_{100}）热电阻的电阻—温度特性曲线

铂电阻的电阻—温度特性方程，在$-200 \sim 0$℃温度范围内为：

$$R_t = R_0 \left[1 + At + Bt^2 + Ct^3(t - 100) \right] \tag{4-1}$$

在 $0 \sim 850$℃的温度范围内为：

$$R_t = R_1 - R_0(1 + At + Bt^2) \tag{4-2}$$

式（4-1）和式（4-2）中 R_t 和 R_0 分别是温度为 t 和 0℃时的铂电阻值；A、B 和 C

为常数，其取值为

$$A = 3.9684 \times 10^{-3}/℃$$
$$B = -5.847 \times 10^{-7}/℃$$
$$C = -4.22 \times 10^{-12}/℃$$

$t = 0℃$ 时的铂电阻值为 R_0，我国规定工业用铂热电阻有 $R_0 = 10Ω$ 和 $R_0 = 100Ω$ 两种。它们的分度号分别为 Pt_{10} 和 Pt_{100}，其中以 Pt_{100} 为常用。铂热电阻不同分度号亦有相应分度表，即 R_t-t 的关系表。这样在实际测量中，只要测得热电阻的阻值 R_t，便可从分度表上查出对应的温度值。

2. 铜热电阻的电阻—温度特性

由于铂是贵金属，在测量精度要求不高，温度范围在 $-50 \sim 150℃$ 时普遍采用铜电阻。铜电阻与温度间的关系为：

$$R_t = R_0(1 + \alpha_1 t + \alpha_2 t^2 + \alpha_3 t^3) \tag{4-3}$$

由于 α_2、α_3 比 α_1 小得多，所以可以简化为：

$$R_t = R_0(1 + \alpha_1 t) \tag{4-4}$$

式（4-4）中，R_t 和 R_0 分别是温度为 t 和 $0℃$ 时的铜电阻值；α_1 为常数，$\alpha_1 = 4.28 \times 10^{-3}/℃$。

铜电阻的 R_0 分度表号 Cu_{50} 为 $50Ω$；Cu_{100} 为 $100Ω$。

铜易于提纯，价格低廉，电阻—温度特性线性较好。但电阻率仅为铂的几分之一，因此，铜电阻所用阻丝细而且长，机械强度较差，热惯性较大，在温度高于 $100℃$ 以上或侵蚀性介质中使用时，易氧化，稳定性较差。故铜热电阻只能用于低温及无侵蚀性的介质中。

（二）金属热电阻传感器的结构

金属热电阻传感器结构如图 4-3 所示，是由电阻体 1、瓷绝缘套管 6、不锈钢套管 2、引线和接线盒 4 等组成。保护套管的作用是为了保护温度传感器感温元件，不使其与被测介质直接接触，避免或减少有害介质的侵蚀、火焰和气流的冲刷和辐射以及机械损伤，同时还起着固定和支撑传感器感温元件的作用。在轻微腐蚀和一般工业应用中，304 和 316（316L）是用得最为广泛的不锈钢保护套管材料，在我国由于考虑成本，321 不锈钢也被大量使用。

热电阻传感器外接引线如果较长时，引线电阻的变化会使测量结果有较大误差，为减小误差，可采用三线制电桥连接法测量电路或四线制电阻测量电路，如图 4-4 所示。要求引出的三根导线截面积和长度均相同，测量铂电阻的电路一般是不平衡电桥，铂电阻作为电桥的一个桥臂电阻，将导线一根接到电桥的电源端，其余两根分别接到铂电阻所在的桥臂及与其相邻的桥臂上，当桥路平衡时，如 R_1—R_2，导线电阻的变化对测量结果没有任何影响，这样就消除了导线线路电阻带来的测量误差，但是必须为全等臂电桥，否则不可能完全消除导线电阻的影响，可见，采用三线制会大大减小导线电阻带来的附加误差，工业上一般都采用三线制接法。

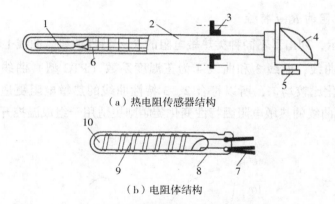

（a）热电阻传感器结构

（b）电阻体结构

图4-3　金属热电阻传感器结构

1—电阻体　2—不锈钢套管　3—安装固定件　4—接线盒　5—引线口
6—瓷绝缘套管　7—引线端　8—保护膜　9—电阻丝　10—芯柱

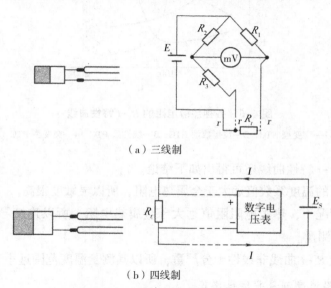

（a）三线制

（b）四线制

图4-4　电桥连接法测量电路

二、半导体热敏电阻

　　半导体热敏电阻简称热敏电阻，是一种新型的半导体测温元件。热敏电阻是利用某些金属氧化物或单晶锗、硅等材料，按特定工艺制成的感温元件。热敏电阻可分为三种类型，即正温度系数（PTC）热敏电阻和负温度系数（NTC）热敏电阻，以及在某一特定温度下电阻值会发生突变的临界温度电阻器（CTR）。负温度系数热敏电阻类型很多，使用区分低温（-60~300℃）、中温（300~600℃）、高温（>600℃）三种，有灵敏度高、稳定性好、响应快、寿命长、价格低等优点，广泛应用于需要定点测温的温度自动控制电路，如冰箱、空调、温室等的温控系统。

（一）热敏电阻的 R_t-t 特性

如图 4-5 所示，列出了不同种类热敏电阻的 R_t-t 特性曲线。曲线 1 和曲线 2 为负温度系数（NTC 型）曲线，曲线 3 和曲线 4 为正温度系数（PTC 型）曲线。由图中可看出，2、3 特性曲线变化比较均匀，所以符合 2、3 特性曲线的热敏电阻更适用于温度的测量，而符合 1、4 特性曲线的热敏电阻因特性变化陡峭则更适用于组成温控开关电路。

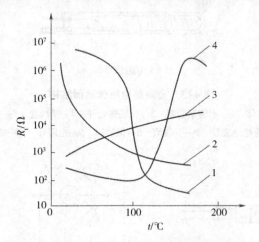

图 4-5 各种热敏电阻的 R_t-t 特性曲线

1—突变型 NTC 2—负指数型 NTC 3—线性型 PTC 4—突变型 PTC

由热敏电阻 R_t-t 特性曲线还可得出如下结论。

（1）热敏电阻的温度系数值远大于金属热电阻，所以灵敏度很高。

（2）同温度情况下，热敏电阻阻值远大于金属热电阻。所以连接导线电阻的影响极小，适用于远距离测量。

（3）热敏电阻 R_t-t 曲线非线性十分严重，所以其测量温度范围远小于金属热电阻。

（二）热敏电阻温度测量非线性修正

由于热敏电阻 R_t-t 曲线非线性严重，为确保一定范围内温度测量的精度，应考虑非线性修正问题。常用方法如下。

1. 线性网络

利用包含有热敏电阻的电阻网络（常称线性网络）来代替单个的热敏电阻，使网络电阻 R_T 与温度成单值线性关系，其一般形式如图 4-6 所示。

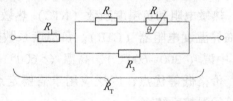

图 4-6 线性化网络

2. 综合修正

利用电阻测量装置中其他部件的特性进行综合修正。图 4-7 所示是一个温度—频率转换电路，虽然电容 C 的充电特性是非线性特性，但适当地选取线路中的电阻 R_2 和 R，可以在一定的温度范围内，得到近似于线性的温度—频率转换特性。

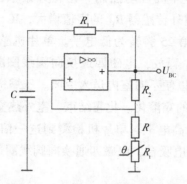

图 4-7　温度—频率转换器原理

3. 计算修正法

在带有微处理机（或微计算机）的测量系统中，当已知热敏电阻器的实际特性和要求的理想特性时，可采用线性插值法将特性分段，并把各分段点的值存放在计算机的存储器内。计算机将根据热敏电阻器的实际输出值进行校正计算后，给出要求的输出值。

（三）热敏电阻温度传感器的应用

热敏电阻在空调器中应用十分广泛，图 4-8 所示为春兰牌 KFR-20GW 型冷暖空调的控制电路。

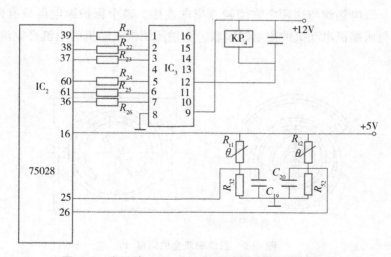

图 4-8　春兰牌 KFR-20GW 型冷暖空调控制电路图

负温度系数的热敏电阻 R_{t1} 和 R_{t2} 分别是化霜传感器和室温传感器。室内温度变化会引起 R_{t2} 阻值的变化，从而使 IC$_2$ 第 26 脚的电位变化。当室内温度在制冷状态低于设定温度或在制热状态高于设定温度时，IC$_2$ 第 26 脚电位的变化量达到能启动单片机的中断程序，使压缩机停止工作。

在制热运行时，除霜由单片机自动控制。化霜开始条件为 -8℃，化霜结束条件为 8℃。随着室外温度的下降，室外传感器 R_{t1} 的阻值增大，IC$_2$ 第 25 脚的电位随之降低。在室外温度降低到 -8℃ 时，IC$_2$ 第 25 脚转为低电平。单片机感受到这一电平变化，便使第 60 脚输出低电平，继电器 KR$_4$ 释放，电磁四通换向阀线圈断电，空调器转为制冷循环。同时，室内外风机停止运转，以便不向室内送入冷风。压缩机排出的高温气态制冷剂进入室外热交换器，使其表面凝结的霜溶化。化霜结束，室外热交换器温度升高到 8℃，R_{t1} 的阻值减小到使 IC$_2$ 第 25 脚变为高电平，单片机检测到这一信号变化，则 IC$_2$ 的第 60 脚重新输出高电平，继电器 KR$_4$ 通电吸合，电磁四通换向阀线圈通电，恢复制热循环。

三、双金属温度传感器

双金属温度传感器结构简单，价格便宜，刻度清晰，使用方便，耐震动。图 4-9 所示为盘旋形双金属温度计，它采用膨胀系数不同的两种金属片牢固黏合在一起组成的双金属作为感温元件，其一端固定，另一端为自由端。当温度变化时，该金属片由于两种金属膨胀系数不同而产生弯曲，自由端的位移通过传动机构带动指针指示出相应的温度。

电冰箱压缩机温度保护继电器内部的感温元件是一片蝶形的双金属片，如图 4-10 所示。由图 4-10（c）可以看出，在蝶形双金属片 9 上分别固定着两个动触头 17、10。正常时，这两个动触头与固定的两个静触头组成两个常闭触点。在蝶形双金属片的下面还安放着一根电热丝。该电热丝与这两个常闭触点串联连接。整个保护继电器只有两根引出线，在电路中，它与压缩机电动机的主电路串联，流过压缩机电动机的电流必定流过它的常闭触点和电热丝。

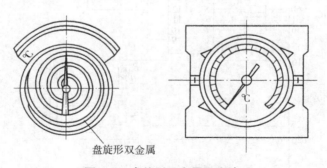

图 4-9　盘旋形双金属温度计

压缩机工作正常时，也有电流流过电热丝，但因电流较小，电热丝发出的热量不能使双金属片翻转，所以常闭触点维持闭合状态，如图 4-10（c）所示。如果由于某种原因使压缩机电动机中的电流过大时，这一大电流流过电热丝后，使它很快发热，放出的热量使蝶形双金属片温度迅速升高到它的动作温度，蝶形双金属片翻转，带动常闭触点断开，切断压缩机电动机的电源，保护全封闭式压缩机不至于损坏，如图 4-10（d）所示。

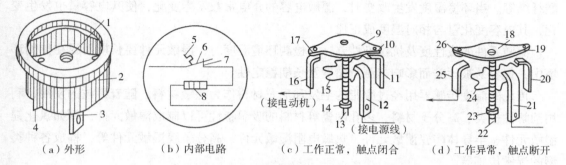

（a）外形　　　　（b）内部电路　　　（c）工作正常，触点闭合　　（d）工作异常，触点断开

图 4-10　蝶形双金属温度传感器工作过程

1，5，9，18—蝶形双金属片　2—外壳　3，12，21—金属板3　4，16，25—金属板2
6—动触点　7—静触点　8，15，24—电热比　10，19—触点1　11，20—金属板1
13，22—调节螺钉　14，23—锁紧螺母　17，26—触点2

第二节　湿度传感器

湿度就是物质中水分的含量，这种水分可能是液体状态，也可能是蒸汽状态。湿度也是制冷与空调系统中需要检测、调节的一个重要参数。例如，冷藏间的湿度过高时，容易引起细菌的大量繁殖，使食品在冷藏过程中腐败变质；湿度过低又会增加食品的干耗，影响食品的色、香、味。在舒适性空调中，空气湿度的高低直接影响人的舒适感，甚至身体健康；在工业空调中，空气湿度的高低将影响电子产品和光学仪器的性能、纺织业中的纤维强度、印刷工业中的印刷品质量等。

空气的湿度通常用绝对湿度、相对湿度和含湿量等来表示。

绝对湿度是指在一定温度及压力条件下，每单位体积空气中所含的水蒸气量，单位用 kg/m^3 或 g/m^3 表示。

相对湿度 φ 是指每立方米湿空气中所含水蒸气的质量与在相同条件（同温同压）下可能含有的最大限度水蒸气质量之比。相对湿度有时也称水蒸气的饱和度，用百分数（%）表示。

含湿量是指在一定温度及压力条件下，每千克干空气中所含有的水蒸气的克数，单位为 g/kg 干空气。

湿度传感器是利用湿敏元件进行湿度测量和控制的。湿敏元件主要有电阻式、电容式两大类。湿敏电阻的特点是在基片上覆盖一层用感湿材料制成的膜，当空气中的水蒸气吸附在感湿膜上时，元件的电阻率和电阻值都发生变化，利用这一特性即可测量湿度。湿敏电容一般是用高分子薄膜电容制成的，常用的高分子材料有聚苯乙烯、聚酰亚胺、酪酸醋酸纤维等。当环境湿度发生改变时，湿敏电容的介电常数发生变化，使其电容量也发生变化，其电容变化量与相对湿度成正比。

湿敏元件的线性度及抗污染性差，在检测环境湿度时，湿敏元件要长期暴露在待测环境中，很容易被污染而影响其测量精度及长期稳定性。

传统的湿度传感器用经过脱脂的毛发和尼龙材料作为湿敏材料。随着科技的发展，利用潮解性盐类、高分子材料、多孔陶瓷等材料的吸湿特性可以制成湿敏元件，例如氯化锂湿敏元件、半导体陶瓷湿敏元件、热敏电阻湿敏元件、高分子膜湿敏元件等，构成各种类型的湿敏传感器。

一、氯化锂湿敏元件

图 4-11 所示是氯化锂湿敏电阻的结构图。它是在聚碳酸酯基片上制成一对梳状金电极，然后浸涂溶于聚乙烯醇的氯化锂胶状溶液，其表面再涂上一层多孔性保护膜而成。氯化锂是潮解性盐，这种电解质溶液形成的薄膜能随着空气中水蒸气的变化而吸湿或脱湿。感湿膜的电阻随空气相对湿度变化而变化，当空气中湿度增加时，感湿膜中盐的浓度降低。

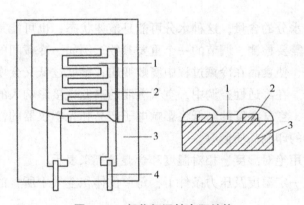

图 4-11　氯化锂湿敏电阻结构
1—感湿膜　2—电极　3—绝缘基板　4—引线

图 4-12 所示是一种相对湿度计的原理框图。测量探头由氯化锂湿敏电阻 R_1 和热敏电阻 R_2 组成，并通过三线电缆接至电桥上。热敏电阻是作为温度补偿用，测量时先对指示装置的温度补偿进行适当修正，将电桥校正至零点，就可以从刻度盘上直接读出相对湿度

值。电桥由分压电阻 R_5 组成两个臂，另外，R_1 和 R_3 或 R_2 和 R_4 组成另外两个臂。电桥由振荡器供给交流电压。电桥的输出经放大器放大后，通过整流电路送给电流表指示。

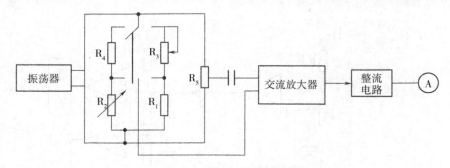

图4-12　相对湿度计原理图

二、半导体陶瓷湿敏元件

铬酸镁—二氧化钛陶瓷湿敏元件是较常用的一种湿度传感器，它是由 $MgCr_2O_4-TiO_2$ 固熔体组成的多孔性半导体陶瓷。这种材料的表面电阻值能在很宽的范围内随湿度的增加而变小，即使在高湿条件下，对其进行多次反复的热清洗，性能仍不改变。该元件采用了 $MgCr_2O_4-TiO_2$ 多孔陶瓷，电极材料二氧化钌通过丝网印制到陶瓷片的两面，在高温烧结下形成多孔性电极。在陶瓷片周围装置有电阻丝绕制的加热器，以 450℃、1min 对陶瓷表面进行热清洗。湿敏电阻的电阻—相对湿度特性曲线如图 4-13 所示。

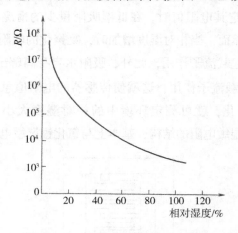

图4-13　电阻—相对湿度特性曲线

图 4-14 所示是半导体陶瓷湿敏元件应用的一种测量电路。图中 R 为湿敏电阻，R_t 为温度补偿用热敏电阻。为了使检测湿度的灵敏度最大，可使 $R=R_t$。这时传感器的输出电压通过跟随器并经整流和滤波后，一方面送入比较器 1 与参考电压 U_1 比较，其输出信号

控制某一湿度；另一方面送到比较器2与参考电压U_2比较，其输出信号控制加热电路，以便按一定时间加热清洗。

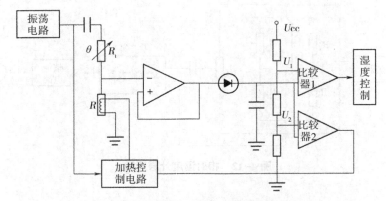

图4-14　湿敏电阻测量电路方框图

三、高分子膜湿敏元件

　　高分子膜湿敏电阻是在氧化铝等陶瓷基板上设置梳状电极，然后在其表面涂以具有感湿性能，又有导电性能的含有强极性官能基的高分子电解质及其盐类材料的薄膜，再涂覆一层多孔质的高分子膜保护层。水分子开始主要被吸附在极性基上，随着湿度的增大，吸附量的增加，吸附水分子之间产生凝聚，呈液态水状态，增强了离子运动的自由度。若以这种湿敏材料制成湿度传感器，测定其电阻值时，在低湿吸附量少的情况下，由于没有荷电离子产生，传感器电阻值很高。然而，当相对湿度增加时，凝聚化的吸附水就成为导电通道。高分子电解质的成对离子主要起载流子作用，此外，吸附水自身离解出来的质子（H^+）及水和氢离子（H_3O^+）也起电荷载流子作用，这就使传感器的电阻值急剧下降。利用高分子电解质随吸、脱湿电阻值的变化，就可测定环境中的相对湿度大小。图4-15所示是三氧化二铁—聚乙二醇高分子膜湿敏电阻的结构，基本上与氯化锂湿敏电阻的结构相似。

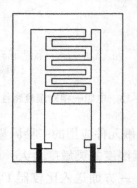

图4-15　高分子膜湿敏电阻的结构

图 4-16 所示是电容式高分子湿度传感器和电阻式高分子湿度传感器的电容和电阻与相对湿度的关系。

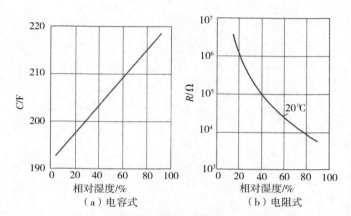

图 4-16　高分子湿度传感器电容和电阻与相对湿度的关系

当环境湿度变化时，传感器在吸湿和脱湿两种情况的感湿特性曲线如图 4-17 所示。

在整个湿度范围内，传感器均有感湿特性，其阻值与相对湿度的关系在单对数坐标纸上近似为一直线。吸湿和脱湿时，相对湿度指示的最大误差值为 3%~4%。

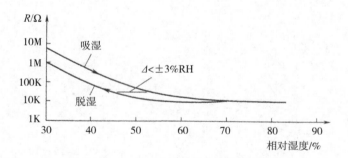

图 4-17　吸湿和脱湿过程中电阻—湿度特性

第五章　制冷空调装置基本控制电路

第一节　电气图形符号及其使用原则

制冷空调装置中的电气控制电路，无论简单还是复杂，都是由一些基本单元线路所组成。因此，学习和掌握典型的控制电路是掌握和应用复杂控制电路的基础。

电气控制电路用电气原理图表示。电气原理图是用符号表示元器件，根据电路的工作原理绘制而成的电路图。

一、电气图形符号使用原则

（1）标准中已尽可能完整地给出了符号的要素、限定符号和一般符号，但只给出限定符号的例子。在应用中，允许通过已规定符号的适当组合进行派生。

（2）为适应不同要求，可以改变有关图形尺寸，根据需要缩小或放大。

（3）常用电气符号采用我国最新颁布的电气图形符号标准 GB/T 5465.11—2007，参见附录 1，有关阀门的图形符号见附录 2（GB/T 4270—1999 技术文件用热工图形符号与文字代号中的阀门图形符号部分），在不改变符号含义的前提下可根据图面布置的需要旋转 90°或者 180°，但文字和指示方向不得倒置。

（4）导线符号可以用不同粗细线表示，如母线可以用粗线表示。

（5）变压器可以不画出铁心，但应注意各图画法的统一。

二、电气技术常用文字符号

电气技术常用文字符号一般采用 IEC 惯用符号（即英文名称的第一个字母表示），表 5-1 仅列出了部分常用电气设备的基本文字符号。

表5-1 部分常用电气设备基本文字符号

设备、装置和元器件种类	中文名称	英文名称	基本文字符号	
			单字母	双字母
电容器	电容器	Capactior	C	—
电感器 电抗器	感应线圈	Induction coil	L	—
	电抗器	Reactors		—
保护器件	具有瞬时动作的限流保护器件	Current threshold protective device with instantaneous action	F	FA
				FR
	具有延时动作的限流保护器件	Current protective device with time-lag action		FS
				FU
	具有延时和瞬时动作的限流保护器件	Current protective device with instantaneous and time-lag action		FV
	熔断器	Fuse		
	限压保护器件	Voltage threshold protective device		
信号器件	光指标器	Optical indicator	H	HL
	指标灯	Indicator lamp		HL
继电器接触器	交流继电器	Alternating relay	K	KA
	接触器	Contactor		KM
	时间继电器	Time-delay relay		KT
	逆流继电器	Revese current relay		KR
电动机	电动机	Motor	M	—
	同步电动机	Synchronous motor		MS
	可作发电机或电动机用的机器	Machine capable of use as a generator or motor		MG
	力矩电动机	Torque motor		MT
测量设备 试验设备	记录器件	Recording devices	P	—
	电流表	Ammeter		PA
	电度表	Watt hour meter		PJ
	记录仪器	Recording instrument		PS
	电压表	Voltmeter		PV

续表

设备、装置和元器件种类	中文名称	英文名称	基本文字符号	
			单字母	双字母
电力电路的开关器件	断路器	Circuit-breaker		QF
	电动机保护开关	Motor protection switch	Q	QM
	隔离开关	Disconnector（isolator）		QS
电阻器	电阻器	Resistor		—
	变阻器	Rheostat		—
	电位器	Potentiometer	R	RP
	热敏电阻器	Resistor with inherent variability dependent on the temperature		RT
	压敏电阻器	Resistor with inherent variability dependent on the voltage		RV
控制、记录、信号电路的开关器件选择器	控制开关	Control switch		SA
	选择开关	Selector switch		SA
	按钮开关	Push-button		SB
	压力传感器	Pressure sensor	S	SP
	温度传感器	Temperature sensor		ST
	位置传感器（包括接近传感器）	Position sensor（including proximity-sensor）		SQ
变压器	电流互感器	Current transformer		TA
	控制电路电源用变压器	Transformer for control circuit supply	T	TC
	电压互感器	Voltage transformer		TV
端子插头插座	连接插头和插座接线柱焊接端子板	Connecting plug and socked Clip Soldering terminal strip		—
	连接件	Link		XB
	插头	Plug	X	XP
	插座	Socked		XS
	端子板	Terminal borad		XT
电气操作的机械器件	气阀	Pneumatic valve		—
	电磁阀	Electormagnetically operated valve	Y	YV
	电动阀	Motor operated valve		YM
其他元器件	发热器件	Heating devices	E	EH
	照明器件	Lamp for lighting		EL

第二节　控制电器与保护电器

一、控制电器

（一）中间继电器

中间继电器的结构和工作原理都与交流接触器类似，但体积小巧，触点容量较小，不能直接用于电动机的主电路，而是接在控制电路中。

中间继电器的触点数量较多（8~12），它的主要用途之一是用作传递信号的中介，起信号"放大"作用。例如，某些温度继电器的触点容量较小，不足以通断电磁阀或接触器的线圈电路，此时可以让温度继电器先控制中间继电器，再由中间继电器控制电磁阀或接触器等其他电器。中间继电器的另一个用途是可以扩大控制能力，通过它把信号同时传递给多条控制电路。

J27 型中间继电器是目前用得最多的一种，它适用于 50Hz 或 60Hz，电压 500V，电流 5A 以下的控制回路，以控制各种电磁线圈，它有 8 对触点，其中 4 对动合，4 对动断。

图 5-1 是中间继电器的符号。

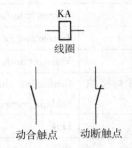

图 5-1　中间继电器的图形符号和文字符号

（二）时间继电器

时间继电器在电路中起着控制动作时间的功能。它的特点是当感测部分得到输入信号后，要经过一定的延时时间，其执行部分才会动作，从而输出信号传到控制回路。在制冷空调系统中，有时需要按时间原则控制的电路，如离心式水泵或风机等轻载启动的电动机，采用星形—三角形（Y-△）减压启动，就要用到时间继电器。

时间继电器的种类很多，主要有电动式、气囊式、晶体管式等。在制冷空调系统中，延时时间不太长（几秒至几十秒）的场合，常选用 JS7-A 系列气囊式（空气式）时间继电器，它的延时范围有 0.4~60s 和 0.4~180s 两种。

气囊式时间继电器利用空气阻尼作用而使其触点延时动作，它有通电延时和断电延时两类。图 5-2 是通电延时继电器的结构示意图。它主要由电磁系统（铁心和线圈）、气室和触点三部分组成。当线圈 2 通电后，动铁心 3 被吸下，使之与活塞杆 13 之间有了一段距离，在释放弹簧 12 的作用下，活塞杆 13 与橡皮膜 11 一起带动杠杆 5 下降。橡皮膜 11 由于受到下层气室 6 中空气的压力，只能缓慢下降，而上层气室由于受进气孔处的节流作用，空气只能缓慢地流入，因此，要经过一段时间，杠杆 5 才能使微动开关 7 动作。从线圈通电开始到触点完成动作为止，这段时间间隔称为延时时间。调节螺钉 8 可改变进气孔 9 的大小，从而达到调节延时时间的目的。图中微动开关 4 为不延时（瞬时）动作触点。气囊式时间继电器延时范围较大，不受电压和频率波动的影响，价格低廉，但延时误差较大。

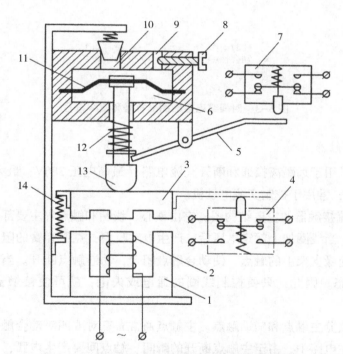

图 5-2　通电延时气囊式时间继电器的结构示意图
1—静铁心　2—线圈　3—动铁心　4，7—微动开关　5—杠杆　6—气室　8—进气孔调节螺钉
9—进气孔　10—排气孔　11—橡皮膜　12—释放弹簧　13—活塞杆　14—复位弹簧

如果需要作长时间延时的场合，可以选用 JS11 系列电动式时间继电器，其延时时间较长，可延时 0~72h，但体积较大，价格较贵。晶体管式时间继电器有 JS14 型，延时范围从几秒至几十分钟。图 5-3 是时间继电器的符号。

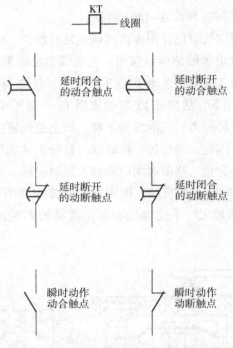

KT —— 线圈

延时闭合
的动合触点

延时断开
的动合触点

延时断开
的动断触点

延时闭合
的动断触点

瞬时动作
动合触点

瞬时动作
动断触点

图 5-3　时间继电器的图形符号和文字符号

（三）交流接触器

　　交流接触器可用于远距离接通和断开交流电路（最高电压 380V，最大电流 600A，频率 50Hz 或 60Hz），常用于控制交流电动机。

　　图 5-4 为交流接触器的主要结构图，它由铁心、线圈和触点等主要部分组成。吸引线圈装在静铁心上，当线圈加上额定电压后，产生电磁吸力，克服弹簧的阻力，将动铁心吸下，带动固定在绝缘支架上的触点，使动合触点闭合，动断触点断开。当线圈失电后，触点又恢复原来状态。因此，只要控制线圈的通电或失电，就可使接触器的触点闭合或断开。

　　接触器的触点分主触点和辅助触点。主触点通常有三对或四对动合触点，它允许通过较大电流，用于主电路中。由于主触点断开的瞬间，触点间要产生电弧，会烧坏触点，并延长电路切断时间，所以装有灭弧装置。辅助触点有动合和动断触点，不同型号的接触器辅助触点数目不同，最多有六对，因为它只能通过 5A 以下的电流，所以，接在控制电路中起自锁、联锁等用。交流接触器线圈及触点的符号如图 5-4（b）所示。属于同一接触器的线圈和它所有的全部触点都用同一个文字符号标志。

　　交流接触器具有失压或欠压保护的功能，一般要求接触器吸引线圈的电压大于 85% 额定电压时，其动铁心应能完全可靠地吸合，电压过低或消失时应完全可靠地释放。

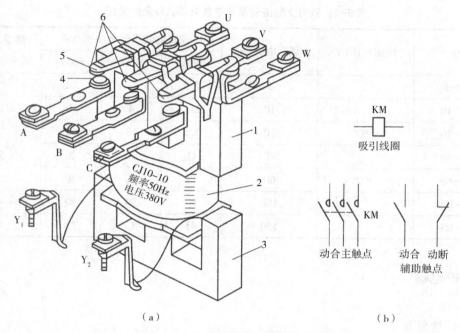

（a）　　　　　　　　　　　　　（b）

图 5-4　交流接触器的主要结构和符号

1—动铁心　2—吸引线圈　3—静铁心　4—静触点　5—动触点　6—主触点

　　选用接触器应注意的事项是：接触器的额定工作电压或电流是指其主触点的工作电压和电流，它应等于或大于被控制电路的额定电压和额定电流。其吸引线圈的额定电压与触点工作电压不同，它应与供电电源电压一致，一般标明在吸引线圈的外表面。选用时还应根据控制要求考虑动合、动断辅助触点的数量。在电动机需要正反转的场合，接在主电路中主触点的容量应比电动机的额定电流大一倍以上。

　　使用交流接触器时，如果吸引线圈通电后，由于某种原因使动铁心不能与静铁心完全吸合，此时磁路中有气隙存在，磁阻增大，由于磁通基本恒定，因此，吸引线圈电流很大，必须及时切断电源，否则将烧坏线圈。

　　在制冷空调系统中，常用的交流接触器有 CJ0、CJ10 等系列，其吸引线圈的额定电压有 36V、127V、220V 和 380V 四个等级，接触器主触点的额定电流有 10A、20A、40A、60A、100A 和 150A 六个等级。它们可用于控制中、小容量电动机。

　　表 5-2 是 CJ10 系列交流接触器基本技术参数及控制电动机容量的选配。如果要控制大容量电动机，可选用国内联合设计、符合国际标准的新型交流接触器 CJ20 系列，它体积小，重量轻，寿命长，能耗低，额定电压有 380V、660V 和 1140V，额定电流有 63A、160A、250A 和 630A。

表 5-2　系列交流接触器及控制电动机容量的选配

型号	额定电压/V	额定电流/A	可控电动机最大功率/kW			辅助触点额定电流/A
			220V	380V	500V	
CJ10-5		5	1.2	2.2	2.2	
CJ10-10		10	2.2	4	4	
CJ10-20	380	20	5.5	10	10	
CJ10-40		40	11	20	20	5
CJ10-60	500	60	17	30	30	
CJ10-100		100	30	50	50	
CJ10-150		150	43	75	75	

二、保护电器

（一）熔断器

熔断器主要作为短路保护用。当发生短路故障时，熔断器中的熔体（熔丝或熔片）自动熔断，将电源与负载切断，达到保护线路及电气设备的目的。

熔断器的种类较多，常用的有插入式、螺旋管式、无填料或有填料封闭管式熔断器，如图5-5（a）～（d）所示，它们都由夹座、外壳和熔体等组成。图5-5（e）是熔断器的符号。

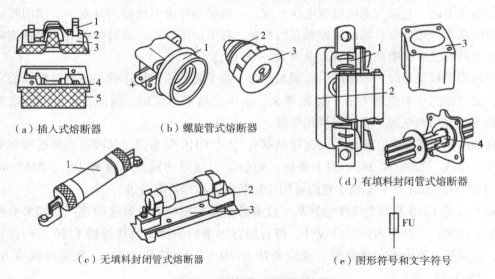

（a）插入式熔断器　　　　（b）螺旋管式熔断器

（d）有填料封闭管式熔断器

（c）无填料封闭管式熔断器　　　　（e）图形符号和文字符号

图 5-5　熔断器的结构和符号

（a）1—动触点　2—熔体　3—瓷插件　4—静触点　5—底座　（b）1—底座　2—熔断管　3—瓷帽
（c）1—熔断器　2—夹座　3—底座　（d）1—弹簧夹　2—瓷底座　3—管体　4—熔体

熔断器的主要技术参数有额定电压、额定电流、保护特性和分断能力等。额定电压是指它能长期正常工作的电压。额定电流包括两个方面：一是熔断器熔壳的额定电流，二是熔体的额定电流。

熔体（俗称保险丝）的选择分以下几种情况。

（1）接入电源时不会出现启动电流的负载，如电灯、电阻炉等，熔体的额定电流 I_{NFU} 可按等于或稍大于负载电流 I_L 来选择，即

$$I_{NFU} > I_L$$

（2）单台异步电动机按下式选择：

式中，I_{st} 是异步电动机的启动电流。当异步电动机不经常启动或启动时间不长的场合，K 取 2.5；当频繁启动或启动时间较长的场合，K 取 1.6~2.0。

（3）多台电动机合用的熔体（即总保险）按下式选择：

$$I_{NFU} = \left[(1.5 \sim 2.5) \times I_{Nmax} \right] + \sum I_N$$

式中，I_{Nmax} 是容量最大的电动机额定电流，$\sum I_N$ 是其余电动机额定电流之和。

常用的熔断器型号有 RC1 系列插入式熔断器，RL1 系列螺旋式熔断器和 RM 系列无填料管式熔断器等。

（二）热继电器

热继电器的用途是对负载进行过载保护。当电动机长期过载或单相运行时，其电流都可能超过额定电流，但它比短路故障时电流小得多，所以，熔断器不会起保护作用，若不采取保护措施，时间一长会引起绕组温升过高，影响电动机寿命，甚至烧坏电动机，此时需用热继电器来实现过载保护。

热继电器主要由发热元件、双金属片和触点三部分组成，图 5-6 是它的结构示意图和符号。热继电器的发热元件由阻值不大的电阻片或电阻丝绕制而成，串联在电动机三相定子绕组电路中（至少要串入两相电路），所以流入过热元件的电流就是电动机的定子绕组电流。电流越大，产生的热量越多，此热量传给感测元件——双金属片。双金属片是由两层热膨胀系数不同的金属制成，其下层金属的膨胀系数较上层金属大。当电动机在额定负载下正常运行时，热元件的发热量不足以使双金属片产生足够的形变。如果电动机过载，发热元件将产生过大的热量，经一定时间后，使双金属片产生足够的弯曲位移，迫使其动断触点断开。热继电器的动断触点串接在电动机的控制电路中，即接触器的线圈回路，因此，动断触点断开时，就使接触器的吸引线圈断电，接触器与触点断开，切断电动机主电路，从而起到过载保护的作用。

热继电器有自动和手动两种复位形式，即在热继电器动作后，经过一段时间（称复位时间）能自动地重新投入工作，或要用于按复位按钮才能再次工作。自动复位形式的复位时间不大于 5min，手动复位时的复位时间不大于 2min。

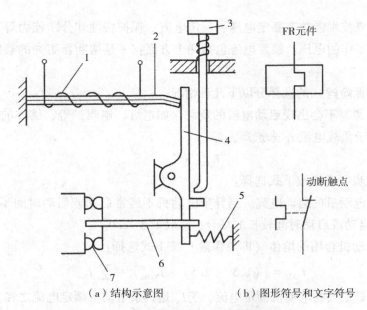

（a）结构示意图　　　　　　　　（b）图形符号和文字符号

图5-6　热继电器结构示意图和符号
1—发热元件　2—双金属片　3—手动复位按钮　4—扣板　5—拉簧　6—连板　7—动断触点

由于电动机等被保护对象的额定电流品种繁多，为了减少热继电器的规格，它具有整定电流调节装置，调节范围是66%~100%，例如，额定电流为16 A的热继电器，最小可以调节整定为10A。

一般情况下，按电动机的额定电流来选取热继电器的整定电流。作为电动机过载保护装置的热继电器应具有表5-3规定的保护特性，这样可以保证电动机能在额定电流下正常运转，又能正常启动和充分发挥其过载能力。

表5-3　热继电器保护特性

整定电流倍数	动作时间
1.0	长期不动作
1.2	<20min
1.5	<2min
6	>5s

常用的热继电器有JR0、JR5、JR15、JR16系列等。

第三节 制冷电动机的启动

制冷与空调装置常常使用单相异步电动机和三相异步电动机。不同类型的电动机，采用不同的启动方式。

一、单相异步电动机的启动

为了使单相异步电动机产生启动转矩，常用的方法有分相法和罩极法。罩极法结构简单、价格低廉，但其启动转矩较小，效率又低，只适用于小容量电动机。对于容量较大或要求启动转矩较高的异步电动机，常采用分相法，例如电冰箱、空调机等设备。

（一）电容分相

电容分相有电容启动和电容运转两种类型的单相异步电动机。这两种电动机的定子绕组除了工作绕组 L_1 外，还增设有启动绕组 L_2，如图 5-7 和图 5-8 所示。启动绕组 L_2 与外接电容串联后，再与工作绕组并联。当接通单相正弦交流电后，如电容数值选配合适，可以使流过工作绕组和启动绕组的电流有接近 90°的相位差。这种情况下，两相电流所产生的合磁场是一旋转磁场，电动机在旋转磁场作用下，转子上产生电磁转矩而自行启动。

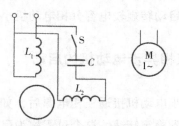

图 5-7 电容启动单相异步电动机
S—开关 L_1—工作绕组 L_2—启动绕组

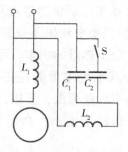

图 5-8 电容启动运转单相异步电动机
C_1—工作电容 C_2—启动电容 L_1—工作绕组 L_2—启动绕组

图 5-7 是电容启动单相异步电动机，当转子转速上升到额定转速的 80%时，离心开关 S 自动将启动绕组与电源切断，工作时只有工作绕组通电。此类电动机有 CO、CO_2 等系列。

图 5-8 所示为电容启动运转单相异步电动机，该电动机启动后仅断开与启动串联的部分电容 C_2，另一部分电容 C_1 和启动绕组 L_2 继续接在电源上运行。这种电动机运行时转矩较大且功率因数较高，它的型号有 DO、DO_2 等系列。

（二）电阻分相

这种电动机不用外接电容器，而是制造时使工作绕组电阻小，电感大，启动绕组阻值大，电感小，启动绕组与离心开关 S 串联，再与工作绕组并接在同一单相电源上，如图 5-9 所示。

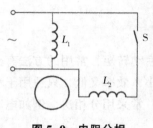

图 5-9 电阻分相

图中 L_1 和 L_2 两个绕组中的电流有一定相位差，所以启动时也可以产生一个旋转磁场，但它的启动转矩较电容分相电动机小。它的型号有 BO、BO_2 等系列。

二、三相异步电动机的启动

异步电动机接通三相电源后，如果其电磁转矩大于负载转矩，电动机转速就由慢到快，直到稳定转速，这个过程称为启动。

异步电动机刚与电源接通瞬间，由于转子转速为零，它与旋转磁场的相对速度很大，因此，转子中感应电动势和电流很大，引起定子电流急剧增大，一般是额定电流的 5～7 倍。由于电动机启动时间短（小型电动机为零点几秒，大型电动机为十几秒到几十秒），因此，虽然启动电流较大，但只要电动机不是频繁启动，启动电流对电动机本身影响不大。当电动机频繁启动时，由于热量的积累，可使电动机过热和增大输电线路上的压降，可能影响接在同一电网中其他用电设备的正常工作。此外，异步电动机启动时，虽然转子电流较大，但转子功率因数很低，所以，其启动转矩并不大，它与额定转矩的比值约为 1.0～2.0。如果启动转矩太小，会增大启动时间，甚至使电动机不能启动。

综上所述，启动电流大和启动转矩小是异步电动机启动时存在的问题，需要根据不同情况，选用不同的启动方法。笼式电动机有直接启动和减压启动两种方法；绕线型电动机有转子串电阻分级启动和频敏变阻器启动。

（一）直接启动

直接启动是直接给电动机加额定电压启动。异步电动机直接启动的控制电路如图 5-10 所示。合上刀开关 Q，按下启动按钮 SBT，接触器 KM 的线圈通电，其主触点闭合，电动机启动运转，与 SBT 并联的接触器动合触点闭合，起自锁作用。按下停止按钮 SBP，接触器线圈断电，所有的动合触点断开，电动机停转。

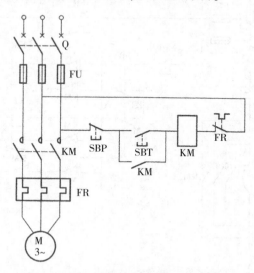

图 5-10　异步电动机直接启动的控制电路

图 5-10 中熔断器 FU 作短路保护，热继电器 FR 起过载保护，接触器 KM 还可以起失压保护作用，当电网电压过低或突然停电时，电动机停转。当电网电压恢复正常时，只有再次按下启动按钮，电动机才能重新启动运转。常用的电磁启动器有 QC10、QC12、QC13 等系列。

（二）减压启动

限制笼式电动机的启动电流可采用减压启动。但此时电动机需在空载或轻载下启动，因为减压启动在减小启动电流的同时，也降低了电动机的启动转矩。以下介绍几种常用的减压启动方法。

1. 星形—三角形（Y-△）减压启动

启动时将电动机三相绕组星形（Y）联结，当转速增高到接近额定值时，再换接成三角形（△）联结，这种方法只适用于正常运转时定子三相绕组采用△接法的电动机。用 Y-△启动方法可使电动机的启动电流降低到直接启动时的 1/3，但其启动转矩也将减小到 1/3。图 5-11 是笼式电动机 Y-△启动控制电路。

该电路通过通电延时的时间继电器 KT 进行控制，实现 Y-△延时换接。KM_1、KM_2、KM_3 是三个交流接触器，启动时 KM_1、KM_3 工作，电动机 Y 联结，正常运转时 KM_1、KM_2 工作，电动机△联结。此电路是在 KM_1 断电（即电动机切断电源）的情况下进行 Y-△换接，以避免当 KM₃ 的动合触点尚未断开，而 KM₂ 已吸合而造成电源短路。并且可使 KM3 的动合触点在不带电的情况下断开，因而不产生电弧，可延长使用寿命。

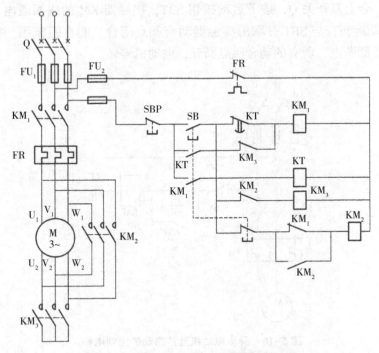

图 5-11　笼式电动机 Y-H 启动控制电路

Y-△启动器的产品有 QX2-30 型（手动操作）和 QX3 系列（自动操作），对应的电动机（绕组额定电压 380V，具有六个出线端）有 J02、J03、J2、J3 系列。

2. **自耦变压器减压启动**

电动机启动时，利用三相自耦变压器降低其端电压，当转速上升到接近额定值时，再换接到全电压工作，这种方法又称启动补偿器法。

图 5-12 为笼式电动机自耦变压器减压启动控制电路。启动时 KM₁ 和 KM₂ 通电工作，自耦变压器减压的一次绕组接到电网上，使电动机定子绕组得到减低了的电压，并在减压条件下启动。与此同时，时间继电器 KT 的线圈也通电，通过 KT 和中间继电器 KA 的控制，经过预先整定的延时后，使 KM₁、KM₂ 和 KT 断电释放，自耦变压器减压与电网的联系被切断。同时交流接触器 KM₃ 线圈通电，其主触点将电网电压直接加到电动机的定子绕组，电动机投入正常运行。

自耦变压器减压启动器有 QJ10 系列（手动操作）和 XJO1 系列（自动操作）两种。它利用自耦变压器的多抽头减压，能适应不同负载启动的需要，又能得到比 Y-△启动方法更大的启动转矩。

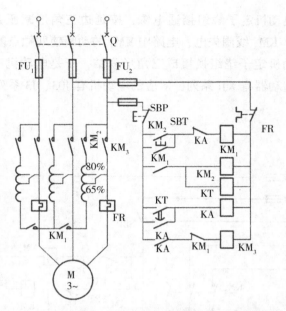

图 5-12　笼式电动机自耦变压器减压启动控制电路

3. 延边三角形减压启动

延边三角形减压启动就是使电动机的定子绕组在启动时一部分 Y 联结，另一部分△联结，待启动完毕后，再全部转换为△联结。图 5-13 是定子绕组在启动时的联结法，每相绕组都有一个中间抽头（图中的 7、8、9），启动时 6 与 7、4 与 8、5 与 9 相联结，1、2、3 接电源，整个三相绕组似 Y 联结，但 a、b、c 三相绕组的另一半似三角形各边的延长。这种启动方法与 Y-△减压启动相比，其启动转矩较大，启动电流则略有上升。对于容量较大的电动机，或在允许启动时间较长的场合，还可以采取多级减压的方式以减小启动电流。

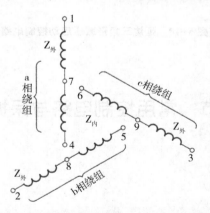

图 5-13　延边三角形减压启动时定子绕组的联结

图 5-14 是延边三角形减压启动控制电路。合上刀开关 Q，交流接触器 KM_3 工作，其主触点闭合，电动机定子绕组按延边三角形方式联结。按下启动按钮 SBT_1，KM_1 线圈得

电，其主触点闭合，电动机定子绕组接通电源，按延边三角形减压方式启动。启动完毕后，按运行按钮 SBT_2，KM_3 线圈失电，电路中 KM_3 的动断辅助触点复位，KM_2 线圈得电，其主触点闭合，把电动机定子绕组换接成三角形联结，于是电动机三角形联结全电压运行。延边三角形减压启动器有 XJI 系列，对应的电动机有 J03、J3 系列。

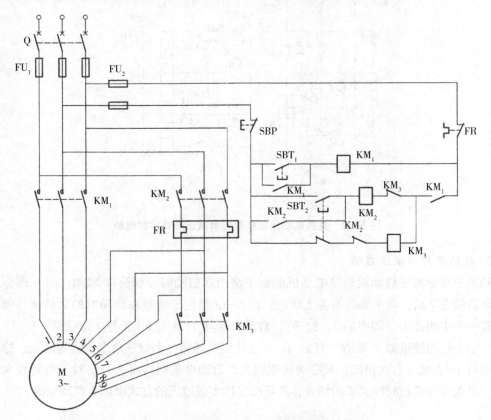

图 5-14　延边三角形减压启动控制电路

第四节　常用控制电路与保护电路

一、控制电路

（一）点启动控制电路

图 5-15 为点启动控制电路。

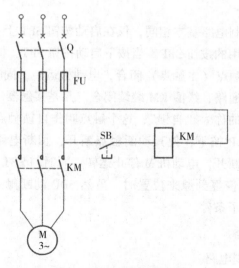

图5-15 点启动控制电路

功能：按下按钮SB时，电动机就运转；手离开按钮后，电动机立即停止运转，实现单向点动（步进或步退）。

工作原理：合上电源开关Q，因接触器KM主触点未闭合，电动机不运转。按下启动按钮SB接通控制电路，接触器KM线圈有电流流过，使衔铁吸合（简称接触器得电吸合），KM的动合触点闭合，使电动机接通电源，按照规定方向运转；当松开按钮SB，按钮触点复位，控制电路断开，KM线圈失压，衔铁释放，KM动合触点即断开（简称接触器失电释放），使电动机停止运转。

（二）有自锁的控制电路

图5-16为有自锁的控制电路。功能是控制电动机单方向运转。

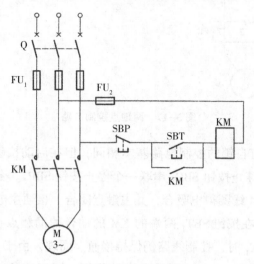

图5-16 自锁控制电路

　　工作原理：与点动控制电路基本相同，仅在启动按钮 SBT 上并联一对接触器 KM 的动合触点和增加一只作停止用的按钮 SBP。当按下启动按钮 SBT，接触器线圈 KM 得电吸合，使接触器 KM 主回路动合触点（主触点）闭合，电动机运转，同时又使其与 SBT 并联的动合触点闭合，使回路保持通路，线圈 KM 继续闭合。凡是接触器（或继电器）利用它自己的副触点来保持线圈吸合的称为"自锁"，这个触点叫作自锁触点。如要使电动机 M 停止运转，只需将停止按钮 SBP 按下，使其动断触点断开，切断电路，KM 接触器失电释放，接触器的动合主触点立即断开，电动机 M 停止运转。同时与 SBT 并联 KM 的动合触点也断开。所以当停止按钮 SBP 恢复到原来位置时，虽然 SBP 动断触点接通，但 KM 却不能动作，这就为再次启动准备了条件。

（三）两地点控制电路

图 5-17 为两地点控制电路。

功能：可以在两地同时控制电动机作单向连续运转的控制线路。

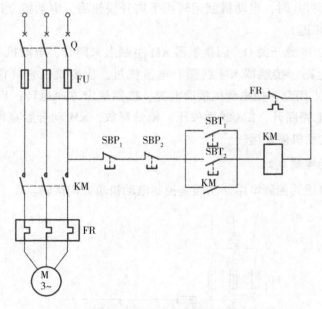

图 5-17　两地点控制电路

　　工作原理：与上述有自锁的控制电路基本相同，但在启动按钮 SBT₁ 线路上再并联一个启动按钮 SBT₂，再与停止按钮 SBP₁ 串联一个停止按钮 SBP₂。合上电源开关 Q，按下启动按钮 SBT₁，接触器 KM 线圈得电吸合，其主触点闭合，接通主电路，电动机运转。由于按下按钮 SBT₁ 时，并联在按钮 SBT₁ 两端的 KM 的动合辅助触点也闭合，起着自锁作用，因此，当手离开按钮 SBT₁ 时，控制线路仍保持接通。同理，由于 SBT₂ 也并联在 KM 的动合辅助触点两端，所以也与 SBT₁ 一样具有启动作用，同样能使电动机作单向连续运转。

又由于停止按钮 SBP$_1$ 与 SBP$_2$ 的动断触点串联在控制线路上，所以同样起着切断控制线路的作用，能使电动机停止运转。

（四）按先后顺序启动的控制电路

图 5-18 是按先后顺序启动的控制线路。一台电动机先启动，另一台后启动，并保持两台电动机同时运转的控制线路。

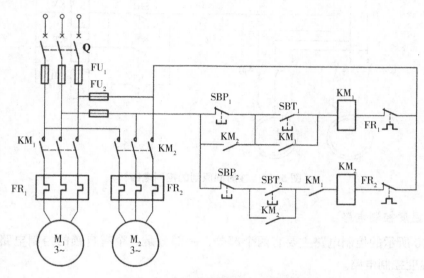

图 5-18　按先后顺序启动的控制线路

工作原理：合上电源开关 Q，按下启动按钮 SBT$_1$，接触器 KM$_1$ 得电吸合，电动机 M$_1$ 先运转。由于接触器 KM$_1$ 吸合，其辅助动合触点 KM$_1$ 闭合，所以，只要按下启动按钮 SBT$_2$，电动机 M，就运转。

本线路的关键是在接触器 KM$_2$ 的控制线路上串联了一对动合辅助触点 KM$_1$，从而使得接触器 KM$_2$ 一定要在接触器 KM$_1$ 吸合后才能得电吸合，达到两台电动机先后启动同时运转的目的。

（五）按时间原则的控制电路

图 5-19 为按时间原则的控制电路。

功能：一台电动机先启动，另一台电动机延时一段时间后启动，并保持同时运转的控制线路。

工作原理：本线路的工作原理与上述按先后顺序启动的控制电路基本相同，只是用时间继电器延时闭合的动合触点 KT 代替了第二台电动机的启动按钮。合上电源开关 Q，然后按下启动按钮 SBT。此时时间继电器得电，接触器 KM$_1$ 同时得电吸合并自锁，电动机 M$_1$ 先转。时间继电器 KT 延长一定时间后，延时闭合的动合触点 KT 闭合，接触器 KM$_2$ 得电吸合，其辅助触头闭合，电动机 M$_2$ 开始运转，电动机 M$_1$ 和 M$_2$ 保持同时运转。

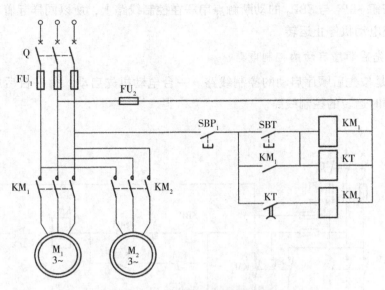

图 5-19　按时间原则的控制电路

（六）温度控制电路

图 5-20 所示的控制电路主要有两个部分，一部分是一个有自锁的控制电路，另一部分是一个温度控制电路。

功能：将环境温度控制在设定的温度范围内。

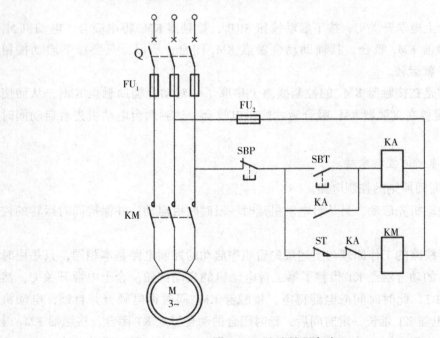

图 5-20　温度控制电路

工作原理：合上电源开关 Q，由于温度控制回路中串联了一个中间继电器 KA 的动合触点，在启动按钮 SBT 按下之前，无论温度继电器处于何种状态，制冷电动机 M 都不会启动。

当按下启动按钮 SBT，中间继电器线圈 KA 得电吸合并自锁，同时 KA 动合触点闭合。若此时环境温度高于设定温度的上限值，温度继电器 ST 的动断触点是闭合的，接触器 KM 得电吸合，主回路动合触点（主触点）闭合，电动机运转，开始制冷。经一段时间后，环境温度降低到设定温度的下限值时，温度继电器 ST 的动断触点断开，接触器 KM 失电释放，其动合主触点断开，电动机 M 停止运转。再经过一段时间后，当环境温度上升到高于设定温度的上限值，温度继电器的动断触点又闭合，接触器 KM 再次得电，制冷电动机又开始运转。如此周而复始，即可将环境温度控制在一定的范围内。

按下停止按钮 SBP，中间继电器 KA 释放，串联在温度控制回路中 KA 的触点断开，无论温度继电器处于何种状态，电动机 M 都将停止运转。

二、保护电路

（一）失压保护

图 5-21 为失压保护电路。

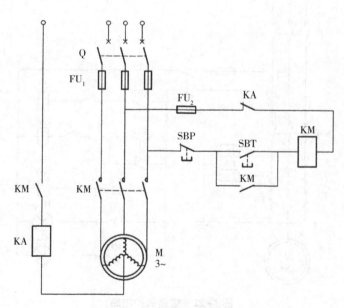

图 5-21　失压保护电路

功能：在三相电源断相时自动切断电源，实现断相保护。

工作原理：该控制电路是在有自锁的控制电路中增加了一个利用零序电压对电动机进行断相保护的电路。合上电源开关 Q，按下启动按钮 SBT，接触器 KM 得电吸合并自锁，主触点闭合，电动机即正常运转。遇断相时，电动机内三相绕组电压不平衡，于是绕组星点对中性线产生一定的零序电压，驱使继电器 KA 动作，与 KM 串联的继电器 KA 的动断触点断开，从而切断了接触器 KM 的控制回路，使接触器 KM 失电释放，电动机即刻停止。

注意：为了提高线路的灵敏度，具体使用时，不同电动机应选配不同电压的继电器。

（二）短路保护

图 5-22 为一种用于大容量电动机的过电流保护电路。这是一种由过电流继电器和电流互感器配合组成的电动机过电流保护控制线路，它的特点是灵敏度高，可靠性强，电路切除速度快。

功能：在电路发生短路时，迅速切断电源电路。对于中、小容量电动机通常可以采用在电源电路中串联熔断器或使用空气开关进行短路保护。

工作原理：合上空气开关 QS 及开关 Q，空气开关 QS 线包得电吸合，这时按下启动按钮 SBT，接触器 KM 得电吸合，接通主电路，使电动机 M 运转。

当电动机电流增大到某一数值时（约 10 倍的动作电流），过电流继电器 FA 迅速动作，其动合触点 FA 闭合，中间继电器 KA 得电吸合，中间继电器动断触点断开，同时切断空气开关 QS 和接触器 KM 的控制回路，从而使电动机 M 即刻停止。

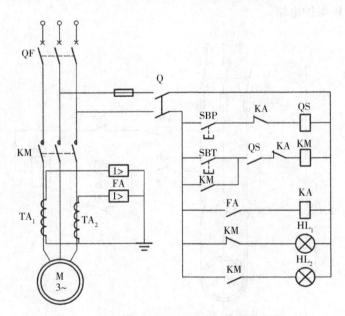

图 5-22　短路保护电路

（三）过载保护

图 5-23 是采用热继电器的过载保护电路。

功能：当电动机超载时，在一定的时间内及时切断主电源电路实现过载保护。

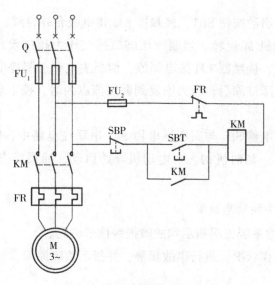

图 5-23 过载保护电路

工作原理：热继电器 FR 的发热元件串接在主电路上，紧贴热元件处装有双金属片，当电动机过载，双金属片受热弯曲到一定程度时便将脱扣器打开，从而使热继电器动断触点 FR 断开，于是接触器 KM 失电释放，电动机立即停止运转，达到过载保护的目的。

（四）制冷机的高压保护和油压保护

图 5-24 为高压保护电路。

功能：当制冷压缩机排气压力高于额定值，或当润滑油压力与曲轴箱压力之差小于某一数值时，则切断电动机的主电源，保护制冷压缩机。

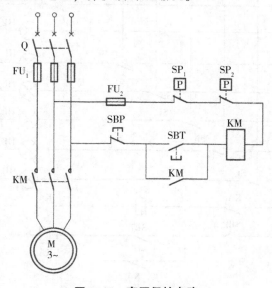

图 5-24 高压保护电路

　　工作原理：当按下启动按钮 SBT，接触器 KM 得电吸合并自锁，主电路动合触点（主触点）闭合，制冷电动机 M 运转。当制冷压缩机排气压力超过设定值，高压继电器 SP₁工作，其动断触点断开，接触器 KM 失电释放，切断主电路，制冷电动机停止运转，保护制冷压缩机。待高压故障排除后，压力恢复到调定值以内时，按下启动按钮 SBT，能使制冷压缩机重新恢复运行。

　　同理，由于压差继电器 SP₂ 与高压继电器 SP₁ 串联在电路中，能起到油压保护作用。只是在压差继电器中有一延时机构，在电动机开始启动，油泵尚未建立正常油压的 60 s内，动断触点不动作。

（五）系统工况指示和故障报警

图 5-25 为制冷压缩系统工况指示和故障报警信号电路。

功能：反映系统工作状况，进行事故报警，并指示故障原因。

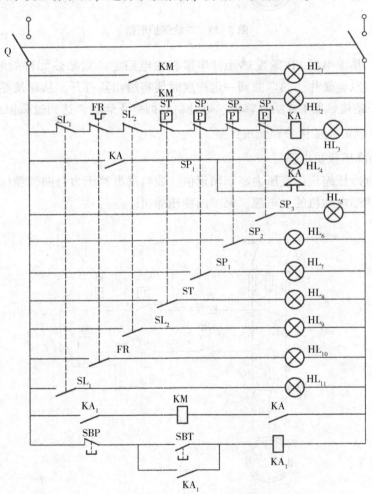

图 5-25　系统工况指示和故障报警电路

图 5-25 中，HL_1 为工作信号，HL_2 为停机信号，HL_3 为可开机信号，HL_4 为故障信号，HL_5 为排气压力过高信号，HL_6 为吸气压力过低信号，HL_7 为油压差过低信号，HL_8 为排气温度过高信号，HL_9 为冷却水断水信号，HL_{10} 为过电流信号，HL_{11} 为低压循环桶液位过高信号，SL_1、SL_2 为液位继电器，FR 为过载保护器，ST 为温度继电器，SP_1、SP_2 为压差继电器，SP_3 为压力继电器。

主电路控制接触器 KM 的一个动合触点与正常工作指示信号灯 HL_1 串联，一个动断触点与停机指示信号灯 HL_2 串联。

各项保护元件的一个动断触点串联起来控制一个中间继电器 KA。KA 的一个动合触点与主电路控制接触器 KM 串联，实现自动保护；KA 的一个动断触点控制故障信号灯 HL_4。各保护元件的一个动合触点分别与相应的信号灯 $HL_5 \sim HL_{11}$ 串联。

合上电源总开关 Q，停机信号灯 HL_2 亮，当各项参数都正常时，中间继电器 KA 得电动合触点吸合，可开机信号灯 HL_3 亮。按下启动按钮 SBT，中间继电器 KA_1 得电吸合自锁，主电路控制接触器 KM 得电吸合，其动合触点闭合，工作信号灯 HL_1 亮，KM 的动断触点断开，停机信号灯 HL_2 灭。当任何一项参数达到危险值时，中间继电器 KA 失电释放，可开机信号灯 HL_3 灭，故障信号灯 HL_4 亮，同时警铃报警，相应的指示信号灯亮。KM 线圈失电，压缩机停机。

第六章　压缩式制冷机的自动控制

第一节　系统基本组成与制冷原理

蒸发器、压缩机、冷凝器和节流阀是蒸气压缩式制冷系统的四个必不可少的基本部件。在小型氟利昂制冷系统中，可用毛细管代替节流阀。系统原理如图 6-1 所示，制冷剂在制冷系统中循环流动，方向如图中箭头指向。蒸气压缩式制冷系统使用的制冷剂是常压下沸点低于 0℃ 的物质。例如，氟利昂 12 和 22 （代号为 R12 和 R22）在 1 个大气压下的沸点分别是 -29.8℃ 和 -40.8℃。

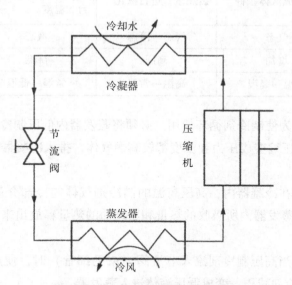

图 6-1　蒸气压缩式制冷系统示意图

空调器、电冰箱和中小型冷库的制冷系统主要就是由压缩机、冷凝器、毛细管（或膨胀阀）、蒸发器等部件组成。制冷剂在配有连接管道的封闭系统内循环工作，如图 6-2 所示。在图 6-2 中，水平线 AA' 的上半部为气相区，下半部为液相区；垂直线 BB' 的左半边为低压区，右半边为高压区。为了便于记忆，其口诀为"上气下液，左低右高"。

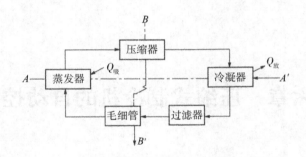

图 6-2　制冷剂在制冷系统中的循环框图

制冷剂在制冷系统中的整个循环工作可分为压缩、冷凝、节流和蒸发四个过程，见表 6-1。

表 6-1　制冷循环的四个过程

循环过程名称		压缩	冷凝	节流	蒸发
所用部件		压缩机	冷凝器	毛细管	蒸发器
作用		提高制冷剂气体压力，造成液体条件	将制冷剂冷凝，放出热量，进行液化	改变制冷剂流量，降低制冷剂液体压力和温度	利用制冷剂蒸发吸热，产生制冷作用
制冷剂	状态	气态	气态→液态	液态	液态→气态
	压力	增加	高压	降低	低压
	温度	低温→高温	高温→常温	常温→低温	低温→高温

（1）压缩过程：为使制冷剂循环使用，必须将蒸发器内低压制冷剂蒸气收回，吸入压缩机的汽缸中，经过压缩变成压力和温度都较高的气体，排入冷凝器中，完成制冷循环的压缩过程。

（2）冷凝过程：在冷凝器内，高压高温的制冷剂气体与冷却介质（空气或水）进行热交换，把制冷剂在蒸发器内所吸收的热量和压缩功的热量释放出来，使高压蒸气冷凝为高压液体。

（3）节流过程：当高压制冷剂流入节流阀（或毛细管）时，便产生减少液体流量的"节流"作用，使制冷剂减压，变成低压液体进入蒸发器。

（4）蒸发过程：进入蒸发器的低压制冷剂液体，立即蒸发汽化，吸引被冷却空间的热量，变成低压蒸气，使室内空间温度降低达到制冷目的。

以上四个工作过程，制冷压缩机在系统中起到压缩和输送制冷剂的作用，是系统的动力装置，毛细管或节流阀是节流降压装置，冷凝器和蒸发器是热交换装置，过滤器起除掉系统中的水分和滤去杂质的作用，是系统制冷剂的净化装置。

第二节　压缩式制冷机的安全保护

　　各种形式的制冷装置安全保护系统是实现装置自动控制的基本组成部分，它能在制冷装置工作异常、运行参数达到警戒值时，做出及时处理，防止安全事故发生。压缩机作为制冷装置的主机，其运行的安全可靠性对整个制冷系统安全运行起决定作用。其保护方法是当工作参数出现异常，将危及压缩机安全时，立即或者延时中止运行。

一、吸排气压力保护

　　压缩机排气压力与吸气压力保护，是为了避免排气压力过高与吸气压力过低所造成的危害。制冷装置运行中，有许多非正常因素会引起排气压力过高。例如，操作失误，压缩机启动后，排气阀却未打开；系统中制冷剂充注量过多、冷凝器大量积液、不凝性气体含量过高；冷凝器断水或严重缺水、冷凝器风扇电动机出故障等。排气压力过高，超过机器设备的承压极限时，将造成人、机事故。另外，如果膨胀阀堵塞，吸气阀、吸气滤网堵塞等，也会引起吸气压力过低。吸气压力过低时，不仅运行经济性变差，蒸发温度过低还会不必要地过分降低被冷却物的温度，反而使冷加工品质下降，甚至不能接受。尤其是系统低压侧负压严重时，加剧空气、水分渗入系统，将不凝性气体和水分带入，又使排气压力、排气温度升高，造成压缩机工作异常，水分还会形成膨胀阀冰堵。这对采用易燃、易爆制冷剂（例如 R717）的系统更是很危险的。

　　用压力控制器进行上述压力保护。高压保护的方法是在压缩机排气阀前引出一导压管，接到高压压力控制器，对 R717 和 R22 工质其设定值一般为 1.5MPa。高压压力控制器在系统排气压力上升到控制器的设定值上限时，切断压缩机电源，使压缩机停止工作，同时伴随灯光或铃声报警。一般只有在排除故障，高压控制器手动复位以后，才能重新启动运转。低压保护的方法是在压缩机吸气阀前引出一导压管，接到低压压力控制器上。低压压力控制器则在系统吸气压力降到控制器的设定值下限时，切断电源，使压缩机停车。低压压力控制器没有手动复位装置，当吸气压力回升到控制器上限值时，电触点接通，压缩机自行恢复运行。低压压力控制器电触点断开值调在压缩机所属系统的蒸发温度低 5℃ 的相应的饱和压力，但此压力值不应低于 0.01MPa，接通值可在控制器幅差范围内调整，但幅差不易选得过小，以免压缩机启、停频繁。在许多制冷装置中，往往用低压压力控制器做压缩机正常起停控制器，对库温实行双位调节。

　　压力控制器是压力控制的电开关，又叫压力继电器。针对制冷机常有同时控制高压和低压的要求，制冷用的压力控制器，除了可以做成单体的高压压力控制器、低压压力控制器外，还常常将二者做成结构上一体的所谓高低压力控制器。图 6-3 所示是它们在制冷系统中的使用安装图。

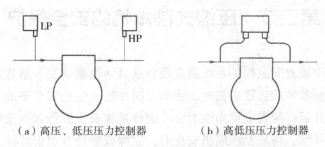

（a）高压、低压压力控制器　　　　（b）高低压压力控制器

图 6-3　压力控制器的安装图

我国制冷空调行业作为压缩机排气与吸气高低压安全保护用的高低压压力控制器品种很多，如 FP214 型、KD155 型等，但这类高低压控制器均没有定值及差动刻度，不便于现场调试。近年来已被 YK-306 型、YWK-Ⅱ型等带刻度的高低压控制器所取代。在国际上较有代表性的是丹麦 Danfoss 公司的 KP15 型。

低压压力控制器的设定值是使触点断开的压力。使触点自动闭合压力值为：设定值+差动值。其差动值有不可调的，有可调的。差动可调的低压控制器，其设定压力范围是 -0.02 ~ +0.75MPa（表压），差动调整范围是 0.07 ~ 0.4MPa。差动不可调的低压控制器，其固定差动值一般是 0.07MPa；设定压力范围是 -0.09 ~ +0.07MPa（表压）。

高压压力控制器的设定值是使触点断开的压力。允许触点接通的压力为：设定值-差动值。它的差动值大多是不可调的，固定差动值是 0.4MPa 或 0.3MPa（个别可调差动值为 0.18 ~ 0.6MPa），压力设定范围是 0.8 ~ 2.8MPa。高压压力控制器断开后，再复位接通的方式有自动和手动两种。考虑到由高压压力控制器动作所造成的停车，无疑是表明机器有故障，应查明原因、排除故障后才能再次运行，所以，通常不希望高压控制器自动复位，以手动复位为宜。

压力控制器使用时应注意以下几点。

（1）使用介质，有的压力控制器适用于氟利昂制冷剂，有的则氨、氟通用。

（2）触头开关的容量，以便正确地进行电气接线。

（3）正确地进行压力设定和差动值设定。

二、油压差保护

采用油泵强制供油润滑的压缩机，如果由于某种故障因素，油泵不上油，建立不起油压差（油压和吸气压力之差），或者油压差不足，润滑油就不能正常循环，从而导致运动部位得不到充分的润滑而烧毁机器。另外，采用油泵供油的压缩机，多有油压卸载机构，如果油压不正常，压缩机卸载机构也不能正常工作。因此，必须设有压差保护。油压差保护是在油压差达不到要求时，令压缩机停车。

油压差保护用压差控制器来实现，方法是将压差控制器的两根导压管，一根与制冷压缩机的曲轴箱相通，另一根与油泵的出口相连。压差控制器的压差设定值与制冷压缩机的类型有关，对不带卸载装置的制冷压缩机取 0.06MPa；对带卸载装置的制冷压缩机取 0.15MPa。但油泵压差只能在泵运行起来以后才能建立起来。为了不影响泵在无压差下正常启动，由油压差所控制的停机动作应延时执行。所以，在油压差保护中，应采用带有延时的压差控制器。如果压差控制器本身不带延时机构，则必须再外接一只延时继电器，与压差控制器共同使用。一般延时时间调整值为 45~60s。若延时后，油压差仍小于压差设定值，压差控制器动作，切断制冷压缩机电源，停止制冷压缩机的工作，并发出事故报警信号。

一般油压差控制器延时机构都装有人工复位按钮，保证只有在事故消除后，经按动复位按钮，方能接通电动机电源，使其重新启动运行。

油压差控制器在安装使用时应注意以下几点。

（1）高、低压接口分别接油泵出口油压和曲轴箱低压，切不可接反，如图 6-4 所示。

（2）控制器本体应垂直安装，高压口在下，低压口在上。

（3）油压差等于油压表读数与吸气压力表读数的差值，不要误以油压表读数为油压差。

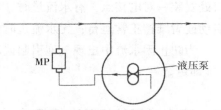

图 6-4　油压差控制器安装图

（4）油压差的设定值一般调整为 0.15~0.2MPa。

（5）采用热延时的压差控制器，控制器动作过一次后，必须待热元件完全冷却（需 5min 左右）、手动复位后，才能再次启动使用。

三、温度保护

（一）排气温度保护

压缩机排气温度过高会使润滑条件恶化、润滑油结焦，影响机器正常工作及寿命，严重时，引起制冷剂分解、爆炸（R717）。压缩机安全工作条件规定，对 R717、R22 和 R502 的最高排气温度限制值分别是150℃、145℃和125℃。因此，要对压缩机进行排气温度保护，尤其是对于 R717 压缩机，排气温度超过限制值时，温控器必须使压缩机断电停车。温度控制器的感温包应紧靠在排气口处安装。当然，热气旁通引起的排气温度过高也不允许，但这种情况下不是靠压缩机停车解决，而是采用喷液冷却。

（二）油温保护

压缩机曲轴箱内油的温度，规定比环境温度高 20~40℃，最高温度不得超过70℃。油温过高时，油黏度下降，将加剧压缩机运动部件的磨损，甚至烧坏轴瓦。用油温控制器执行保护，油温超过限制值时，令压缩机停车。曲轴箱内有油冷却盘管的压缩机不必设油温保护。

对于氟利昂制冷系统，如果压缩机曲轴箱中有大量制冷剂混入（停机时），在压缩机启动时会影响油压的建立。为了避免这种现象，采用在曲轴箱内设电加热器的办法：启动前，先通电加热，使溶解在油中的液态制冷剂蒸发。在这种情况下，也需要用油温控制器控制油温，以免加热使油温过高，停止油加热。

四、冷却水断流保护

氨压缩机气缸通常设冷却水套，若运行中水泵断水会使排气温度升高，严重时会引起气缸变形。采用水冷却的机组，若运行中冷凝器断水也会引起排气温度升高，甚至危及冷凝器的安全。一般采用晶体管继电器作为断水保护装置。在压缩机汽缸或冷凝器冷却水出口处安装一对电接点，有水流过时，电接点被水接通，交流接触器线圈得电使压缩机可以启动或者维持正常运行；无水流过时，接点不通，禁止压缩机启动或令其故障性停机。

为防止因水流中出现气泡引起误动作，应使断水装置有延时动作，一般延时时间定为15s 即可。

五、离心式压缩机防喘振保护

离心式制冷压缩机工作时一旦进入喘振工况时，压缩机周期性地发生间断的吼响声，整个机组出现强烈的振动。冷凝压力、主电动机电流发生大幅度的波动，轴承温度很快上升，严重时甚至破坏整台机组。因此，在运行中应立即采取调节保护措施，降低出口压力或增加入口流量，防止喘振现象的发生。压力比和负荷是影响喘振的两大因素，一般可采用热气旁通来进行喘振防护，如图 6-5 所示，它是通过喘振保护线来控制热气旁通阀的开启或关闭，使压缩机远离喘振点，达到保护的目的。

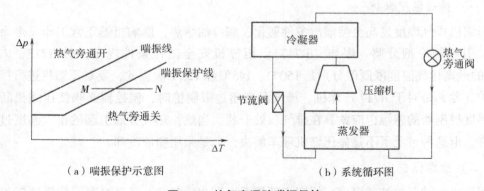

（a）喘振保护示意图　　　　　　　　（b）系统循环图

图 6-5　热气旁通防喘振保护

第三节 压缩式制冷机的能量调节

为了使制冷装置能够保持平稳的蒸发温度，保持所控温度的稳定，减少压缩机启停次数，要求制冷压缩机制冷量能够经常和热负荷保持平衡，处于良好匹配状态。同时为了不使制冷压缩机电动机启动时，因启动电流过大而过载，增大电网负载的波动，要求压缩机实行轻载启动。上述要求可以通过对压缩机能量进行自动控制来实现。压缩机能量调节的方法很多，根据不同的机型控制要求，可以采用不同的控制调节方法。

一、活塞式制冷机的能量调节

（一）吸气压力调节制冷机的能量

根据吸气压力大小，以相应的压力控制器（通常为双位控制器）控制压缩机间断运行，来调节制冷量。因为吸气压力比蒸发压力测取更方便，而且代表负荷变化，反应迅速，故广为采用，也可以根据温度进行调节。

若制冷装置仅有一台压缩机，为使压缩机能量与蒸发器负荷随时匹配，可以从压缩机外部和内部分别进行调节，对于中、小型制冷压缩机，由于压缩机本身不带卸载装置，因此只能采用低压压力或温度控制器（双位），感受吸气压力（或温度）的高低，直接控制压缩机的启动与停车时间来进行能量调节，适用于功率小于 10kW 的小型制冷设备中，如家用冰箱、冷柜、家用空调器等的压缩机制冷量调节，均采用温度双位控制器来控制其制冷量与热负荷的匹配。若制冷装置具有多台压缩机，则可按如图 6-6 所示系统进行制冷量调节，在该图中，制冷装置有四台压缩机，每台压缩机的吸气管上均装有一只压力双位控制器，通过压力控制器控制吸气压力的方法，分别控制电动机的启停。

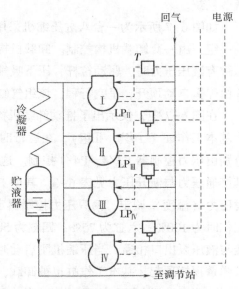

图 6-6 用压力控制器控制压缩机启停的系统

图 6-7 所示为一个冷库制冷系统。图中工号机为基本能级，它受冷库房温度控制，只要有一个库房温度高于给定温度上限时，工号机便运行，只有当全部库房温度都达到给定

温度下限时，工号机才停车。工号机运行后，因负荷变化，吸气压力逐渐上升，决定Ⅱ、Ⅲ、Ⅳ号机工作，用三只压力控制器分别控制压缩机的启停，每台压缩机启停压力设定值见表 6-2。

表 6-2　压缩机启停的压力设定值

压缩机	Ⅱ号机	Ⅲ号机	Ⅳ号机
压力控制器	LP$_Ⅱ$	LP$_Ⅲ$	LP$_Ⅳ$
上限接通压力 p_s/MPa（表）	0.20（-9℃）	0.22（-7℃）	0.30（-2℃）
下限接通压力 p_s/MPa（表）	0.09（-20℃）	0.11（-18℃）	0.15（-14℃）
差动值/MPa	0.11（11℃）	0.11（11℃）	0.15（12℃）

为避免短期负荷波动，或运行不稳引起吸气压力波动，造成能量误调，一般均加开机动作延时。延时时间在 30min 以内。

对于容量较大的压缩机，机器的频繁开停不仅使能量损失加大，而且影响制冷压缩机的寿命和供电回路中电压的波动，影响其他设备的正常运行。

（二）压力控制器与电磁阀组合调节制冷机的能量

凡是本身带有自动卸载机构的制冷压缩机，均有条件采用压力控制器—电磁阀式能量调节系统。

如图 6-7 所示为一台八缸压缩机采用本方案作能量调节原理图。压缩机的每两个气缸为一组，由一套卸载机构控制。卸载机构的液压缸驱动气缸外侧的拉杆。其原理是：当液压缸有液压压力时，驱动拉杆，压下吸气阀片，该组气缸工作；当液压缸泄压，则吸气阀片由弹簧自动顶开，呈空行程，该组气缸卸载。

在图 6-7 中，仅示出了推动卸载机构的液压缸，其余部分省略。该压缩机有两组气缸为基本工作缸（Ⅰ组、Ⅱ组），在运行时不能调节；中间两组（Ⅲ组，Ⅳ组）调节气缸，分别由压力控制器 P3/4、P4/4 控制。这两只吸气压力控制器的差动值为 0.04~0.05MPa。其接通压力与断开压力见表 6-3。其中 P4/4 为高负荷压力控制器，其接通压力按最高蒸发压力（温度）调定。两只压力控制器定值压力差 0.01~0.02MPa。能量调节范围：八缸工作时为 100%；六缸为 75%；四缸为 50%。基本工作缸Ⅰ、Ⅱ两组卸载机构的液压缸直接与液压泵出口相通。当压缩机刚启动时，油压尚未建立，液压缸无油压，气缸吸气阀片被弹簧顶杆顶起，基本工作缸也被卸载，因此压缩机处于全卸载工况轻负荷启动。经几十秒后（在 1min 以内），油压建立，基本工作缸便投入工作。当热负荷大于四缸工作的制冷量时，吸气压力上升，超过压力控制器 P3/4 的接通压力 0.26MPa，使 P374 接通，将电磁滑阀 1DF 吸上，压力油通过 a 孔，经 c 孔流入Ⅲ组气缸的卸载液压缸，使Ⅲ组气缸投入工作，压缩机运行于 75%工况。若Ⅲ组气缸工作后，由于负荷大，吸气压力仍继续上升，至 0.28MPa，使 P4/4 压力控制器也接通，电磁滑阀 2DF 被吸上，压力油从 a 孔，经 1DF 滑阀下部孔 e、孔 b，流入Ⅳ组气缸的卸载液压缸，使Ⅳ组气缸也投入工作，此时压缩机做100%全负荷运行。

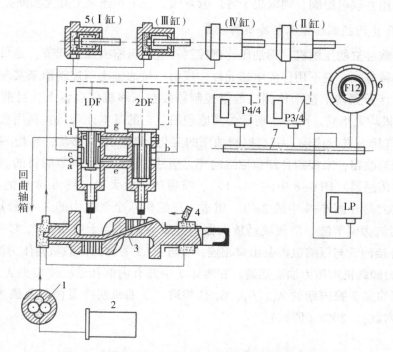

图 6-7　压力控制器—电磁滑阀控制压缩机能量原理图
1—液压泵　2—滤油器　3—曲轴　4—液压调节阀　5—气缸卸载结构的液压缸　6—液压差表
7—吸气管　1DF，2DF—电磁滑阀　P3/4，P4/4—压力控制器　LP—低压控制器

表 6-3　压力控制器—电磁阀式卸载压力设定值

控制器	断开压力/MPa（表压）	接通压力/MPa（表压）	差动值/MPa
压力控制器 P4/4	0.23（2℃）	0.28（6℃）	0.05
压力控制器 P3/4	0.22（1℃）	0.26（4℃）	0.04
低压控制器 LP	0.2（-1℃）	0.24（3℃）	0.04

若负荷下降，吸气压力降至 0.23MPa，则 P4/4 断开，电磁滑阀 2DF 失电关闭（如图6-7 所示位置），则Ⅳ组气缸断油泄压，液压缸活塞被弹簧顶回，液压缸中油经孔 b、孔 g与孔 d 流回曲轴箱，Ⅳ组气缸卸载，又恢复75%负荷运行。

若四缸工作时，吸气压力因负荷下降而跌至 0.2MPa（表压），则低压控制器 LP 动作，将压缩机停车。当停车后压力回升至 0.24MPa，则 LP 接通，压缩机又自动启动作四缸 50%工况运行。若吸气压力仍逐步升高，再增缸至 75%与 100%工况运行。全部依靠压力控制器与电磁滑阀控制。

如需要把八缸压缩机调节范围再增加25%档（共100%、75%、50%、25%四档）可由三个电磁阀用三个压力控制器分别控制。此时仅一组（两缸）为基本工作缸。至于用单独电磁阀还是用并联电磁阀，则取决于各厂家习惯，在工作原理上并无实质差异。

（三）油压比例控制器调节制冷机的能量

对于有卸载油缸的压缩机，用油压比例控制器进行压缩机能量调节，是目前在国内外广为采用的一种方式。它不用任何电器元件，仅由一只油压比例控制器来实现，其结构如图6-8所示，十分紧凑。整个比例式能量控制器装在压缩机仪表盘上，目前我国生产的8FS10等压缩机均采用它。图6-9所示为其原理图。它的基本原理是：利用吸气压力与定值弹簧力+大气压力进行比较，引起控制油压的变化，推动滑阀移动；再把相当的控制油压引入卸载机构油路，来控制各卸载油缸的充、泄油，达到能量调节的目的。整个调节装置由吸气压力传感器（图6-8中的16~19）、喷嘴球阀放大器（图6-8中的9、12、13）和滑阀液动放大器（图6-8中的2~7）组成。压缩机八个气缸中的3~6号缸为基本缸，1、2、7、8号缸为调节缸，滑阀液动放大器的外罩6的法兰上有A、B、C三个管接头。其中A通过外接油管与压缩机油泵出口相连；B与1、2号缸的卸载机构压力油缸接通；C与7、8号缸的卸载机构压力油缸接通。在本体2中开有内部孔道，使接头A、B、C三孔分别与开在配油室3腔内壁的A_1、B_1、C_1孔相通。压缩机制冷量调节范围为100%（八缸）、75%（六缸）、50%（四缸）。

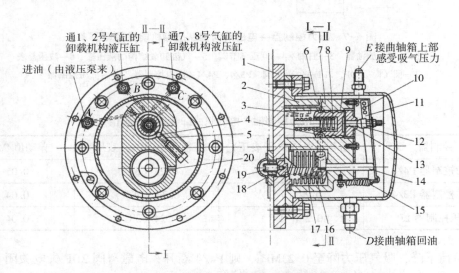

图6-8 比例式油压差能量控制器结构图

1—底板 2—本体 3—配油室 4—限位钢珠 5—能级弹簧 6—外罩 7—配油滑阀 8—滑阀弹簧
9—恒节流孔 10—杠杆支点 11—杠杆 12—球阀 13—喷嘴 14—顶杆 15—拉簧
16—波纹管 17—定值弹簧 18—通大气孔 19—调节螺钉 20—孔道

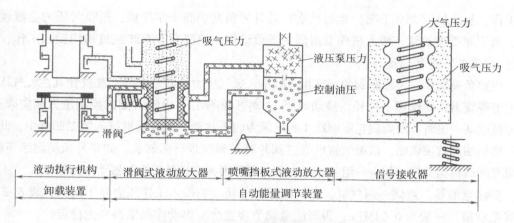

图 6-9　比例式油压能量调节装置原理图

这套调节系统采用了比例型喷嘴球阀放大机构，在油压系统中恒节流孔 9 和变节流孔（由喷嘴 13 和球阀 12 组成）组成了一组典型比例放大器。当吸气压力变化，与定值弹簧 17 比较后，转动杠杆 11，使球阀与喷嘴间隙（变节流孔）成比例地变化，在一定间隙范围内，喷嘴 13 腔中压力也随之成比例地变化，引起滑阀右侧顶部背压变化，移动滑阀，控制压缩机卸载机构动作。因此，作用于配油滑阀 7 的调节油压是随吸气压力的高低而成比例地增减，它们间的比例关系可通过调整定值弹簧 17 的预紧力来调整。控制压力设定值见表 6-4。

表 6-4　控制压力设定值

控制器	吸气压力/MPa		工作气缸数	能量/%
	工作状态	制裁状态		
油压比例控制器	0.24	0.20	8	100
	0.23	0.19	6	75
低压控制器	0.22（接通）	0.13（断开）	4	50

当压缩机停车时，润滑油泵也停止工作，控制油压与大气压力相等，波纹管伸至最长位置，配油滑阀在弹簧 8 的作用下推至最右位置（图 6-8），所有通往卸载机构的高压油路都被切断，吸气阀片全部处于被顶开状态，故压缩机启动时，带有卸载机构的各组气缸全部处于空载启动，此时压缩机处于四缸运行。随着压缩机启动后，油泵投入工作，油压逐渐提高，若外界热负荷较大，吸气压力上升，作用在感受波纹管 16 右侧的气体压力，将克服定值弹簧 17 的张力，波纹管被压缩，带动顶杆 14 左移，于是拉簧 15 通过杠杆机构，使球阀 12 与喷嘴 13 压紧，泄油口就关小，滑阀右侧的油压便开始上升，达到一定值时，滑阀就克服弹簧 8 的张力和限位钢珠 4 的压紧力左移，从而使钢珠进入第二个槽中，使孔 B_1 与压力油孔 A_1 接通，通往卸载机构的第一路高压油路被接通，高压油进入卸载机构的液压缸内，由于液压缸中油压大于卸载弹簧合力，就使这一组气缸的吸气阀片落下投

入工作，呈六缸（75%工况）运行状态。若外界负荷仍高于制冷量，则吸气压力会继续升高，由于感受波纹管、放大机构及滑阀的继续动作，使所有带有卸载机构均投入工作，呈八缸（100%）全负荷运行。

当热负荷减少时，膨胀阀的开度相应减小，吸气压力也随之降低，波纹管就在大气压力与定值弹簧力共同作用下伸长，推动球阀 12 离开喷嘴 13，滑阀右侧的控制压力相应降低。当降低到某一值时，滑阀就克服钢珠 4 的压紧力向下移动，钢珠就被推入第二凹槽中，此时第一高压油路就被切断，该组气缸的吸气阀片就被弹簧顶开而卸载。如果外负荷继续下降，则带有卸载机构的气缸就会一组组相继卸载，最后因抽空，低压控制器动作而停车。

要注意的是：对同一组气缸，其卸载压力与相应的投入工作压力是不同的，表 6-3 中列有差动值，一般为 0.04MPa，否则能量调节装置会变得动作频繁而失去稳定性。

（四）进排气侧流量旁通调节制冷机的能量

旁通能量调节是将制冷系统高压侧气体旁通到低压侧的一种能量调节方式，主要应用于压缩机无卸载机构的制冷装置。

这种装置当负荷降低，吸气压力下降到低压控制值以下，若仍不希望停机，要求装置继续运行，则可采用热气旁通调节，有多种旁通能量的实施方式，分述如下。

1. 热气向吸气管旁通并喷液冷却

能量调节采用旁通能量调节阀（CPC），其系统原理如图 6-10 所示，这是一种将压缩机的部分排气经过旁通管由旁通调节阀控制，自动回流至压缩机吸气管，以改变压缩机有效排气量的一种简便方法。对于小型制冷装置，借此可以防止在热负荷很少时，冷库温度尚未达到，而吸气压力过低，使压缩机无法工作的局面。

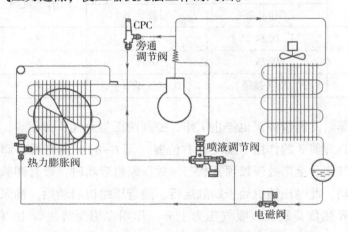

图 6-10　热气向吸气管旁通并喷液冷却系统原理图

考虑到由于热气的进入引起吸气温度升高，势必排气温度也升高。旁通能量调节阀常采用一只喷液阀，用来防止压缩机排气温度过高。为了避免这种后果，采用喷液阀从高压液管引一些制冷剂液体喷入吸气管，利用液体蒸发冷却吸气，抑制排气温度的过分升高。

对于 R12、R22，喷液阀调定的开阀温度为 80℃，可调范围为 50～110℃；对于 R717，调定温度为 100℃，可调范围为 80～135℃，其波纹管最高耐压为 1.21MPa（表压），故喷液阀后面不允许装截止阀，以免工作时此阀忘开，液体压力将波纹管鼓破。最好喷液阀也装一只电磁阀，保证只有压缩机工作时，电磁阀才开，避免停机时将液体吸入吸气管内。

2. 热气向蒸发器中部或蒸发器前旁通

前一种方法存在一个缺陷，即负荷低到一定程度，蒸发器内制冷剂流速过低，造成回油困难。为此采用本方法，向蒸发器中部或前旁通热气。采用本方法，相当于热气为蒸发器提供了一个"虚负荷"。尽管实际负荷较低，热力膨胀阀仍能控制向蒸发器供较多液量，保证蒸发器中有足够的制冷剂流速，不会带来回油困难。该系统图如图 6-11 所示。

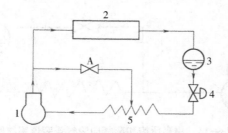

图 6-11　向蒸发器中部旁通热气系统图

1—压缩机　2—冷凝器　3—贮液器　4—膨胀阀　5—蒸发器　A—能量调节阀

对于有分液器和并联多路盘管的蒸发器，不便于向蒸发器中部旁通热气，可以采用向蒸发器前旁通的办法，如图 6-12 所示。由于这类蒸发器的压力降较大，为了消除蒸发器 9 压降的影响，必须采用带有外平衡引压管的能量调节阀 4。外平衡引压管从吸气管引控制压力，阀的开度只受吸气压力控制而不受阀后压力控制。旁通位置在热力膨胀阀 6 出口与分液器 8 入口之间。为了避免热气对热力膨胀阀 6 的逆冲，影响热力膨胀阀 6 的正常工作，必须使用一个专门的气液混合头 7。

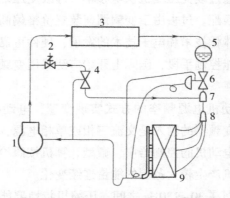

图 6-12　向蒸发器前旁通热气系统图

1—压缩机　2—电磁阀　3—冷凝器　4—CPCE（带外平衡引压管的能量调节阀）

5—贮液器　6—热力膨胀阀　7—LG 气液混合头　8—分液器　9—蒸发器

3. 用高压饱和蒸气向吸气管旁通

图 6-13 所示是从高压贮液器 4 引高压饱和蒸气向吸气管旁通。由于冷凝温度比排气温度低得多，旁通气与蒸发器回气混合后，吸气温度升高不多，排气温度也不至于过分升高。这种方式没有喷液阀，减少了系统的附件，同时也避免了压缩机带液的危险。

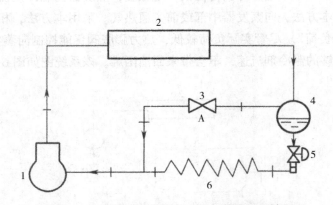

图 6-13　用高压饱和蒸气向吸气管旁通系统图

1—压缩机　2—冷凝器　3—旁通电磁阀
4—高压贮液器　5—膨胀阀　6—蒸发器

（五）驱动电动机变速调节制冷机的能量

制冷压缩机的制冷量及功率消耗，与其转速成比例。从循环的角度分析，利用压缩机变速方法进行能量调节，有很好的经济性。压缩机的驱动机主要是感应式电动机，感应式电动机改变转速的方法虽有多种，但用于拖动压缩机，从电动机转速—转矩特性考虑，最佳方法是采用变频调速。

变频式能量调节是指通过改变压缩机供电频率，即改变压缩机转速，使压缩机产冷量与热负荷的变化达到最佳匹配。过去由于变频调速装置价格偏高，在国内压缩机组中使用不多。随着机—电—冷一体化技术和电子技术的发展，硬件可靠性提高而价格下降，使变频调速成为一种有效的节能控制手段，国际上开始广泛采用变频调速能量调节，获得大幅度的运行节能效果。

变频调节是以改变电动机电源频率的方式实现变速，电动机电压也随频率成比例变化，故又称变电压变频。变频器的输入是交流三相或单相电源，输出为可变压可变频的三相交流电，接到压缩机的电动机的控制器中，微型计算机按照检测信号控制变频器的输出频率和电压，从而使压缩机产生较大范围的能量连续变化。

变频器输出的频率范围在 30~130Hz 之间。压缩机特性要能适应转速的变化范围。为了充分发挥变频调速的节能潜力，所有相关部件都应选择高效的。目前最广泛应用的首推空调压缩机变频能量调节。

二、螺杆式制冷压缩机的能量调节

螺杆式压缩机是一种高速回转的容积式压缩机，通过工作容积周期性改变，进行气体压缩。除了两个高速回转的螺杆转子外，没有其他运动部件，兼有回转式压缩机（如离心式压缩机）和往复式压缩机（如活塞式压缩机）各自的优点。它体积小、重量轻、运转平稳、易损件少、效率高、单级压比大、能量无级调节，在压缩机行业得到迅速发展及广泛应用。由于螺杆制冷压缩机单级有较大的压缩比及宽广的容量范围，故适用于高、中、低温各种工况，特别在低温工况及变工况情况下仍有较高的效率，这一优点是其他机型（如吸收式、离心式等）不具备的。因此，螺杆式制冷压缩机被广泛用于空调、冷冻、化工等各个工业领域，是制冷领域的最佳机型之一。

由于螺杆制冷压缩机属于容积式压缩机，它利用一对相互啮合的阴阳转子在机体内作回转运动，周期性地改变转子每对齿槽间的容积来完成吸气、压缩和排气过程。它适用于R717、R22（氟利昂）等各种制冷工质，不需要对机器结构作任何改变，所以一般认为螺杆式制冷压缩机不存在困扰制冷界的CFCs工质替代问题。

螺杆式制冷压缩机常用滑阀来调节能量和卸载启动，即在两个转子高压侧，装上一个能够轴向移动的由铸铁制成的滑阀，滑阀装在转子与机体的下部衔接处，可以在与汽缸轴线平行方向上，由卸载油缸中的活塞带动做往复运动。滑阀和阀杆是中空的，构成向汽缸内喷油的输油管。输油管与活塞、油缸等相连。滑阀靠近压缩腔一侧钻有喷油孔，以便在压缩机工作时，向压缩腔喷入润滑油。滑槽底部开有导向槽，该槽与机体上的导向块配合，使滑阀平稳地往复运动。滑阀调节能量的原理，是利用滑阀在螺杆的轴向移动，以改变螺杆的有效轴向工作长度，使能量在100%～10%之间连续无级调节。

图6-14所示为滑阀的移动与能量调节的原理图，图6-14（a）中标示出全负荷时滑阀的位置。当滑阀尚未移动时，滑阀的后缘与机体上滑阀滑动缺口的底边紧贴，滑阀的前缘则与滑动缺口的剩余面积组成径向排气口。此时，基元容积中充气最大。由吸入端吸入的气体经转子压缩后，从排气口全部排出，其能量为100%，如图6-14（b）中实线所示。当高压油推动油活塞和滑阀向排出端方向移动时，滑阀后缘随之被推离固定的滑动缺口的底边，形成一个通向径向吸气口的、可作为压缩气体的泄逸通道，如图6-14（c）所示。减少螺杆的工作长度，即减少吸入气体的基元容积，可使排出气体减少，如图6-14（b）中虚线所示。如吸入的气体未进行压缩（此时接触线尚未封闭）就通过旁道口进入压缩机的吸气侧，则减少了吸气量和制冷剂的流量，起到了能量调节的作用。泄逸通道的大小取决于所需要的排气量大小。滑阀前缘与滑动缺口形成的排气口面积（即径向孔口）同时缩小，达到改变排气量的目的。此时，调节指示器指针指出相应的改变排量的百分比。

当滑阀继续向排出端移动时，制冷量随排气量的减少而连续地降低。因而能量便可进行无级调节。当泄逸孔道接近排气孔口时，螺杆工作长度接近于零，便能起到卸载启动的目的。

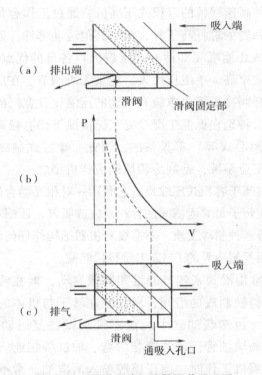

图6-14　滑阀移动与能量调节原理图

滑阀移动油路及控制系统的关键部件能量调节电磁阀组是由四个电磁阀与相应油路连接而成的。选用四个电磁阀可控制供油的流向，而达到控制油活塞在油缸内的前后移动，这样即可完成滑阀的正反移动从而达到增载、减载的作用。调节系统由三部分构成：供油、控制和执行机构。供油机构有油泵及压力调节阀；控制机构有四通电磁阀；执行机构有滑阀、油活塞和油缸等。

能量调节分手动和自动两种，但控制的基本原理都是采用油驱动调节。手动能量调节控制系统是常用的调节系统，其工作原理如图6-15所示。当螺杆式压缩机需要卸载时，转动油分配阀2，使①、④接通，供油系统通过油泵5，将高压油经①~④管路向油缸左侧供油，高压油推动油活塞1向右侧移动，此时油活塞右侧的油被活塞挤压，经③~②孔道流入低压侧，进入压缩机，然后返回油箱7。油活塞1带动滑阀，离开机体上滑动缺口的底部，实现了减荷控制。反之，若转动油分配阀，接通①~③和②~④，则高压油进入油活塞1的右侧，推动活塞左移，促成滑阀的反向动作，即实现增荷控制。

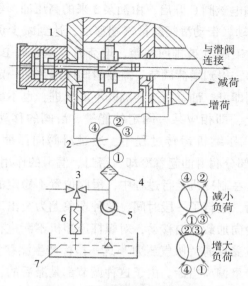

图6-15 手动能量调节控制系统

1—油活塞 2—油分配四通阀 3—调压阀 4—油过滤器 5—油泵 6—油冷却器 7—油箱

手动操作的缺点是：需要操作人员严密控制，工人劳动强度增大，而且能量增减难以保证及时、准确，现在逐渐被自动控制所替代。

采用四通电磁阀取代用人工操作的手动油分配阀，便于实现能量调节的半自动或自动控制，其控制系统如图6-16所示。

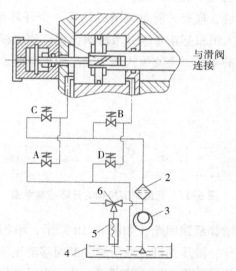

图6-16 四通电磁阀能量调节控制系统

1—油活塞 2—油过滤器 3—油泵 4—油箱 5—油冷却器
6—调压阀 A~D—电磁阀

减荷时，电磁阀 D 和电磁阀 C 开启，由油泵 3 来的高压油，经电磁阀 C 被送到油活塞 1 左侧，推动活塞向右移动，带动滑阀向排气端移动，达到减少负荷的目的。同时，油活塞右移，油缸内的油经电磁阀 D 被排回油箱。增荷时，电磁阀 B 和 A 开启，油活塞 1 右侧获得高压油，活塞左移，得到增荷调节。需要滑阀停留在某一定位置时，只要在此位置不接通电磁阀或油分配阀即可。油缸两边的油既不能流进，也不能流出，滑阀此时不会左右移动而处在一定位置上，即相应某一固定的能量。滑阀的移动可以调节压缩机的吸气量，亦即调节了排气量。压缩机运转过程中，通过滑阀向压缩机腔内喷入占体积流量 0.5%～1% 的润滑油，这部分润滑油起着冷却、密封、润滑的作用。

以上两种调节系统，在制冷机运行过程中，滑阀位置不稳定的现象较为普遍。特别是螺杆制冷压缩机经检修后，运行了一段时间，这种现象尤为突出。当滑阀停留在一个非全负荷的位置时，就会缓慢向加载方向移动，对螺杆压缩机不断进行加载，直至全负荷，使压缩机输气量增大，导致受控的"吸气压力"这一指标产生漂移。这时需操作人员经常加以调节，以防吸入压力严重偏离指标。由于这种调节都是滞后的，就不可避免地影响了压缩机运行的稳定性。

导致这一现象的主要原因是螺杆制冷压缩机在运行时，有一个朝滑阀加载方向的排气压力作用在滑阀上，促使其进行加载运动，而驱动滑阀的液压活塞与液压缸之间总存在泄漏（O 形密封圈不可能起到完全密封的作用），所以就导致了滑阀朝加载方向移动。而且 O 形密封圈的泄漏量越大，滑阀位置不稳定的现象就越严重。

处理办法是在一个运行周期之后，更换 O 形密封圈。这对滑阀位置不稳定的现象在短时间内会有所改善，但无法根本解决问题。

从控制理论的角度来看，现有的能量调节机构是一个开环系统，如图 6-17 所示，系统中无反馈回路。即操作人员根据指令来调节滑阀位置，使螺杆制冷压缩机实现所需的吸入压力。这其中由于干扰的存在，会使吸入压力偏离原控制值。

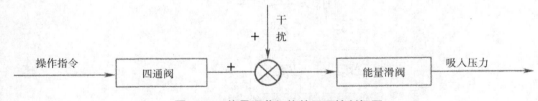

图 6-17　能量调节机构的开环控制框图

改进措施是在该系统增加反馈回路，如图 6-18 所示，根据需要给出一个吸入压力设定值，四通电磁阀上电工作，液压油进入液压缸，滑阀移动至所需的位置，使吸入压力实际值达到设定要求。如干扰导致吸入压力偏离设定值，则反馈值与设定值比较之后的结果会进一步控制滑阀位置，来提高系统的稳定性。

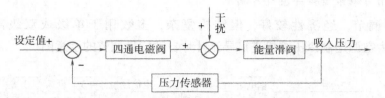

图 6-18　能量调节机构的闭环控制框图

由一只压力传感器、一台 PLC 可编程控制器及附件构成一闭环控制系统，使用梯形图编制控制程序。利用原有的四通电磁阀作为执行机构，去控制能量滑阀的移动。改造后的闭环控制回路由 PLC 来进行管理，该 PLC 还可根据需要同时管理其他一些被控对象，其控制原理如图 6-19 所示。

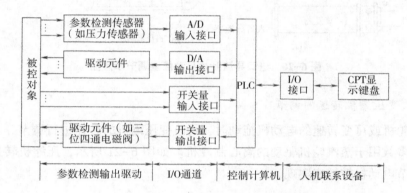

图 6-19　PLC 能量调节系统控制原理图

三、离心式制冷压缩机的能量调节

离心式制冷压缩机制冷量的调节方法很多，如进气节流、改变叶轮进口前可转导叶的转角、改变压缩机转速、反喘振调节、改变冷凝器的冷却水量、吸气旁通（反喘振调节）等。其中，改变叶轮进口前可转导叶的转角的方法调节，经济性较好，调节范围较宽，方法又较简单，故被广泛采用。

（一）进气节流调节

进气节流调节就是在蒸发器和压缩机的连接管路上安装一节流调节阀。通过调节阀的节流作用，使来自蒸发器的制冷剂气体节流后进入压缩机，改变了压缩机的吸气压力和吸入气体的密度，使压缩机实际吸入的制冷剂质量、流量发生变化，因此制冷量也发生变化。这种能量调节的方法比较简单，但在循环中增加了压缩机吸排气的压力比，压缩机的理论比功和排气温度上升，循环的经济性下降，常用于多级压缩机。

（二）采用可调节进口导流叶片调节

进口导叶调节，经济性较好，但结构复杂，多数用于单级或双级离心制冷机。图 6-20 所示为空调用制冷压缩机进口导流叶片自动能量调节的示意图。

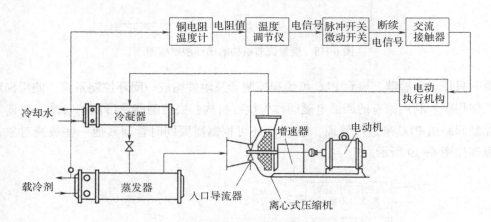

图 6-20　进口导流叶片自动能量调节示意图

（三）改变压缩机转速的调节

当用汽轮机或可变转速的电动机拖动时，可改变压缩机的转速进行调节，这种调节方法最经济，多数用于蒸汽轮机驱动的离心制冷机。如图 6-21 所示，压缩机转速的改变可采用变频调节电动机转速来实现。

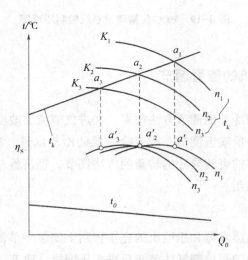

图 6-21　改变压缩机转速的能量调节

变速驱动装置（VSD）根据冷水出水温度和压缩机压头来优化电动机的转速和导流叶片的开度，从而使机组始终在最佳状态区运行。图 6-22 为变速驱动装置（VSD）工作原理图。

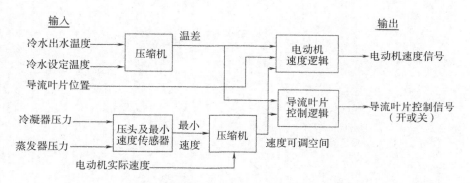

图6-22 变速驱动装置（VSD）工作原理图

（四）反喘振调节

在制冷量大幅度减少时，采用前面任何单一方法进行调节都是不行的。因为制冷量太小，制冷剂吸气量不足，气流不能均匀地流入叶轮各个流道，因而叶轮不能正常排气，致使排气压力的陡然下降，压缩机处于不稳定工作区，压缩机要发生喘振。这时应将一部分被压缩的制冷剂蒸气由冷凝器（压缩机出口）旁通到蒸发器或压缩机的进气管，使冷凝器的蒸汽流量和压力稳定，从而避免喘振现象的发生。注意，一般情况下反喘振调节和其他调节方法要联合使用。

第七章　吸收式制冷机组的自动控制

第一节　系统基本组成与制冷原理

吸收式制冷也是液体汽化法制冷的一种方式。由于它以消耗低温热能作为补偿实现制冷循环，对有余热场所热能的综合利用，以及对于太阳能的开发和应用都有重要的意义，因而近几十年来发展非常迅速。

溴化锂吸收式制冷原理同蒸气压缩式制冷原理有相同之处，都是利用液态制冷剂在低温、低压条件下，蒸发、汽化吸收载冷剂（冷水）的热负荷，产生制冷效应。所不同的是，溴化锂吸收式制冷是利用溴化锂—水组成的二元溶液为工质对，完成制冷循环的。

在溴化锂吸收式制冷机内循环的二元工质对中，水是制冷剂。在真空（绝对压力870Pa）状态下蒸发，具有较低的蒸发温度（5℃），从而吸收载冷剂热负荷，使之温度降低，源源不断地输出低温冷水。工质对中溴化锂水溶液则是吸收剂，可在常温和低温下强烈地吸收水蒸汽，但在高温下又能将其吸收的水分释放出来。制冷剂在二元溶液工质对中，不断地被吸收或释放出来。吸收与释放周而复始，不断循环，因此，蒸发制冷循环也连续不断。制冷过程所需的热能可为蒸汽，也可利用废热、废气，以及地下热水（75℃以上）。在燃油或天然气充足的地方，还可采用直燃型溴化锂吸收式制冷机制取低温水。这些特征充分表现出溴化锂吸收式制冷机良好的经济性能，促进了溴化锂吸收式制冷机的发展。

因为溴化锂吸收式制冷机的制冷剂是水，制冷温度只能在0℃以上，一般不低于5℃，故溴化锂吸收式制冷机多用于空气调节工程作低温冷源，特别适用于大、中型空调工程中使用。溴化锂吸收式制冷机在某些生产工艺中也可用于提供低温冷却水。

从热力学原理知道，任何液体工质在由液态向气态转化过程中必然向周围吸收热量。水在汽化时会吸收汽化热。水在一定压力下汽化，而又必然是相应的温度。而且汽化压力越低，汽化温度也越低。如一个大气压下水的汽化温度为100℃，而在0.05大气压时汽化温度为33℃等。如果能创造一个压力很低的条件，让水在这个压力条件下汽化吸热，就可以得到相应的低温。

一定温度和浓度的溴化锂溶液的饱和压力比同温度的水的饱和蒸汽压力低得多。由于溴化锂溶液和水之间存在蒸汽压力差，溴化锂溶液即吸收水的蒸汽，使水的蒸汽压力降低，水则进一步蒸发并吸收热量，而使本身的温度降低到对应的较低蒸汽压力的蒸发温度，从而实现制冷。

蒸汽压缩式制冷机的工作循环由压缩、冷凝、节流、蒸发四个基本过程组成。吸收式制冷机的基本工作过程实际上也是这四个过程，不过在压缩过程中，蒸汽不是利用压缩机的机械压缩，而是使用另一种方法完成的。

如图 7-1 所示，由蒸发器出来的低压制冷剂蒸汽先进入吸收器，在吸收器中用一种液态吸收剂来吸收，以维持蒸发器内的低压，在吸收的过程中要放出大量的溶解热。热量由管内冷却水或其他冷却介质带走，然后用溶液泵将这一由吸收剂与制冷剂混合而成的溶液送入发生器。溶液在发生器中被管内蒸汽或其他热源加热，提高了温度，制冷剂蒸汽又重新蒸发析出。此时，压力显然比吸收器中的压力高，成为高压蒸汽进入冷凝器冷凝。冷凝液经节

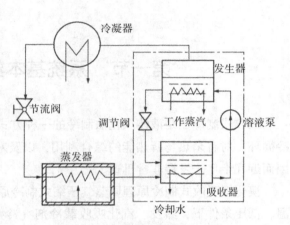

图 7-1　吸收式制冷系统的组成

流减压后进入蒸发器进行蒸发吸热，而冷（媒）水（或称冷冻水）降温实现了制冷。发生器中剩下的吸收剂又回到吸收器，继续循环。由上可知吸收式制冷机是以发生器、吸收器、溶液泵代替了压缩机。

吸收剂仅在发生器、吸收器、溶液泵、减压阀中循环，并不到冷凝器、节流阀、蒸发器中去。而冷凝器、蒸发器、节流阀中则与蒸汽压缩式制冷机一样，只有制冷剂存在。

吸收式制冷系统的基本组成与压缩式制冷系统的区别在于由吸收器、溶液泵、发生器和调压阀组成的系统代替了压缩机。来自蒸发器的低温低压制冷剂蒸汽进入吸收器，被吸收剂吸收；从吸收器出来的制冷剂—吸收剂溶液由溶液泵输送至发生器，工质对（制冷剂—吸收剂）在发生器中吸热升温，其中沸点低的制冷剂便大量汽化与吸收剂分离，形成高压制冷剂蒸汽；发生器排出的高压制冷剂蒸汽通过冷凝器冷凝、节流阀减压降温，再进入蒸发器吸收冷室介质热量沸腾汽化制冷，即完成了吸收式制冷循环。

可见，吸收器、溶液泵和发生器的共同作用相当于蒸汽压缩式制冷系统的压缩机，使制冷剂蒸汽完成了由低温低压状态到高温高压状态的转变。

为使工质对中的吸收剂也能循环使用，发生器中制冷剂吸热汽化后所剩的溶液，经调压阀减压降温（也是绝热节流过程），重新返回吸收器，用于再次吸收低压低温的制冷剂蒸汽。于是，吸收式制冷由两个循环——制冷剂的逆循环与吸收剂溶液的正循环共同组成，这两个循环缺一不可。吸收式制冷系统原理示意如图 7-2 所示。

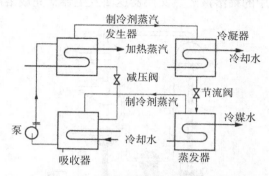

图7-2 吸收式制冷系统原理示意图

吸收式制冷是通过工质对在发生器中吸收外界热源提供的低温热能作补偿，从而实现制冷的。可综合利用其他设备排出的温度较高的热水（75℃以上）、低压水蒸气、烟道气中的余热，或者利用地热、太阳能等作为发生器的加热能源。

第二节　无泵吸收式制冷原理

由于发生器的压力高于吸收器，前面介绍的吸收式制冷机采用溶液泵加压，将工质对溶液由吸收器输送到发生器。如果在结构上使吸收器高于发生器，则可在一定位差的作用下，使工质对溶液自流进入发生器，再利用热虹吸管的提升作用，又可使工质对溶液自发生器返回吸收器，这样就不需设置溶液泵，制成无泵吸收式制冷机。这种制冷机的能耗少，无运动部件，振动和噪声非常小，设备简单，制造成本较低，维修管理方便，但工质对溶液的循环量小，制冷量较小。现在小制冷量的吸收式制冷机，特别是吸收式冰箱、制冷设备，多采用无泵吸收式制冷。

一、无泵溴化锂吸收式制冷

图7-3是无泵溴化锂吸收式制冷机的原理图。它由发生器、汽液分离器、冷凝器、蒸发器、吸收器、溶液热交换器和热虹吸管组成。

稀溶液在发生器1中被加热，产生的大量水蒸气泡夹带着浓溶液沿热虹吸管7上升至汽液分离器2。由于空间容积突然扩大及挡水板的作用，汽泡破裂，制冷剂水蒸气与溶液分离。分离出的高压水蒸气进入冷凝器3冷凝成制冷剂水，经细管道节流进入蒸发器4汽化制冷。在汽液分离器中分离出来的浓溶液，在分离器与吸收器5的位差作用下，经热交换器6流入吸收器，吸收来自蒸发器的低压低温制冷剂水蒸气而稀释。在吸收器与发生器的位差作用下，吸收器中的稀溶液经热交换器返回发生器，完成溶液的循环。

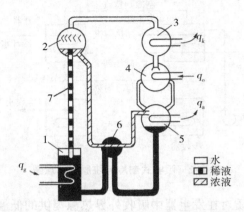

图 7-3　无泵溴化锂吸收式制冷机原理图
1—发生器　2—汽液分离器　3—冷凝器　4—蒸发器　5—吸收器　6—热交换器　7—热虹吸管（汽泡泵）

二、扩散—吸收式制冷

无泵吸收式制冷若采用氨—水溶液作工质对时，由于发生器与吸收器之间压差太大，要使工质对溶液从低压的吸收器流入高压的发生器所需的位差将很大，因此造成结构上的困难。

如果在系统中加入某种辅助气体，用以平衡系统的压力，则可克服上述困难。因为氢气的凝固点很低，容重又最小，且不会与氨水溶液发生化学作用，因此选择氢气作为辅助气体。在发生器和冷凝器中氨蒸气的压力大约为 1.6MPa（对应的冷凝温度约 40℃），而要氨液在 -2~-10℃ 沸腾汽化，对应的蒸发压力，也就是蒸发器和吸收器中的压力为 0.3~0.4MPa。如在蒸发器和吸收器中加入氢气，由于混合气体的总压力等于各组成气体分压力之和，就可使吸收器的总压力与发生器的压力平衡。因为氢气与氨水溶液不起化学作用，并且容易分离，因此，在蒸发器中发生的氨液沸腾汽化过程，以及在吸收器中发生的稀氨水溶液对氨蒸气的吸收过程，都只与氨蒸气的分压力有关，而与氨氢混合气体的总压力无关。这就是说，在蒸发器和吸收器中加入氢气，既可平衡系统的压力，减小制冷机结构上的困难，又不会影响氨正常的蒸发和吸收过程。

蒸发器中氨氢混合气体的压力虽很高，但氨的分压力却很低，制冷剂氨液仍可在其低分压所对应的低温下沸腾汽化制冷。液态氨在蒸发器中的汽化过程，也就是氨蒸气在氢气中的扩散过程的这种制冷方式称为扩散—吸收式制冷。

图 7-4 是扩散—吸收式制冷机的制冷系统原理图。其工作流程是：浓氨水溶液在发生器 1 中被热源 13（例如电热丝、液化气或煤油炉等）加热，氨大量汽化形成的氨蒸气泡夹带着稀氨溶液，沿热虹吸管（或称提升管）2 上升，在管出口处空间容积突然变大，使气液分离。

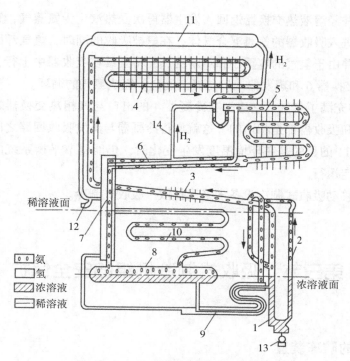

图 7-4　扩散—吸收式制冷系统原理图

1—发生器　2—热虹吸管　3—分凝器　4—冷凝器　5—蒸发器　6—气相热交换器　7—气液热交换器
8—贮液器　9—溶液热交换器　10—吸收器　11—贮氢器　12—充灌口　13—热源　14—平衡管

　　分离出的稀氨水溶液经回流管（又称下降管，位于提升管左侧）及溶液热交换器 9 的外套管和气液热交换器 7 的外套管两次降温后，由吸收器 10 上部入口进入吸收器向下流动，与从吸收器下部入口进入吸收器向上流动的低压氨蒸气相遇混合，吸收氨蒸气变成浓氨水溶液进入贮液器 8。由于贮液器上部的氨氢混合气体总压力较高，使浓溶液可由贮液器经溶液热交换器 9 的内管返回发生器 1，完成溶液的循环。

　　在热虹吸口出口处分离出的氨蒸气中不可避免含有少量水蒸气，此混合蒸气进入分凝器 3（又称精馏器）后，水蒸气的冷凝温度较高，先凝结为水回流至发生器 1。分凝后所得高纯度的高压氨蒸气则进入冷凝器 4 冷凝为氨液。

　　从冷凝器排出的氨液经 U 形液封供液管流至蒸发器 5 入口。U 形液封可防止冷凝器中的高压氨蒸气进入蒸发器。在蒸发器入口处，氨冷凝液与来自回氢管（位于平衡管 14 右侧）的氢气混合进入蒸发器。蒸发器中氨氢混合气体的压力虽很高，但氨的分压力很低，氨液在低分压下沸腾汽化制冷。可见，氢气的加入，可使氨的分压力突然降低，还起到了类似节流的作用。

　　从蒸发器流出的低温氨氢混合气体经气相热交换器 6 的外套管和气液热交换器 7 的内管，先后吸收氢气和稀溶液的热量后，流入贮液器 8 的上部，然后从吸收器的下部入口进入吸收器上行。其中的氨蒸气则为在吸收器中下行的稀溶液所吸收，使溶液变浓后随浓溶液流至贮液器，并经溶液热交换器返回，发生器再次受热汽化为氨蒸气，完成制冷剂氨的循环。从贮液器进入吸收器的氨氢混合气体，在氨被吸收的同时，氢气却因不参与吸收过程而分离出来，并由于氢气的容重小和不断受热，将继续在吸收器中上行，再经气液热交换器7、气相热交换器6和蒸发器入口与氨液混合，完成氢气的循环。

平衡管14中充满了氢气，它连接在冷凝器4的出口与气相热交换器之间，而气相热交换器与蒸发器和吸收器都是相通的，这就使得冷凝器与蒸发吸收回路之间的压力得以平衡。设置贮氢器11的目的是在环境温度发生变化时，仍能调节平衡系统的压力，以保证制冷机的常年稳定运行。

小型医疗和移动吸收式制冷设备多采用扩散—吸收式制冷。

第三节　吸收式制冷机组的安全保护

一、蒸发器中的防冻装置

当溴化锂吸收式制冷机在运行过程中，如冷冻水泵突然发生故障，或者由于外界原因需冷量突然减少，或者冷量自动调节系统失灵，或者加热蒸气量过大等原因都使蒸发温度过低，蒸发器内冷剂水和冷冻水有冻结的危险，严重时会造成传热管冻裂，制冷机损坏。

一般设置下列安全装置。

（1）冷剂水管上设温度继电器。

（2）冷冻水管上设压力继电器或压差继电器。

（3）利用冷冻水流量保护装置。

二、防止溴化锂溶液结晶的装置

当溴化锂溶液浓度过高或温度过低，就会出现结晶现象，使机器无法运行。制冷机除结构上考虑了自动溶晶装置外，还需安装一定的自控元件，防止结晶现象发生。

（1）发生器出口浓溶液管道上设温度继电器。

（2）发生器内装设液位控制器。

（3）冷冻水管道上安装压差继电器。

（4）停车时防结晶装置。

（5）防止冷冻水温过低引起蒸发器内冷剂水的污染。

第四节　吸收式制冷机组的能量调节

溴化锂吸收式制冷机的能量调节主要是通过对发生器的加热量、冷凝器的冷却水量和溶液循环量的控制来实现的。在实际应用中，一般采用控制发生器的加热量、溶液循环量或两种方式组合的调节方法。

一、加热蒸气量调节

当冷冻水温度发生变化时，控制系统将此变量与设定值比较，然后利用差值信号来调节加热蒸气量（蒸汽加热式）或控制燃烧（直燃式），调节元件安装在蒸汽管道上，当外界需要冷量减少，随之调节阀门关小，使进入发生器的蒸汽量减少，发生器出口的溴化锂浓溶液的浓度降低，使之制冷量少，以改变制冷量。但此种调节方法在50%以下的低负荷运行时是不经济的。加热蒸汽量调节原理示意如图7-5所示。

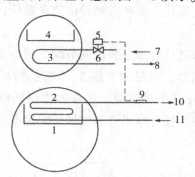

图7-5　加热蒸汽量调节原理图

1—吸收器　2—蒸发器　3—发生器　4—冷凝器　5—调节器　6—调节阀
7—加热蒸汽进口　8—加热蒸汽出口　9—感温元件　10—冷媒水出口　11—冷媒水进口

二、冷却水量调节

用改变冷却水量来调节制冷机的制冷量，当进入冷凝器内的冷却水量减少时，会导致冷凝温度升高，制冷量下降。但此种方法的冷量调节范围比较窄，通常在80%~100%。同时，由于制冷量下降时加热量并没有减少，因此，这种方法是不经济的。冷却水量调节原理示意如图7-6所示。

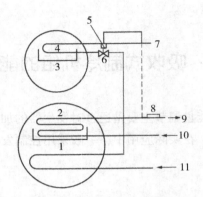

图 7-6　冷却水量调节原理图

1—吸收器　2—蒸发器　3—发生器　4—冷凝器　5—调节器　6—调节阀
7—冷却水出口　8—感温元件　9—冷媒水出口　10—冷媒水进口　11—冷却水进口

三、溶液循环量调节

此种方法目前一般是利用制冷量的变化信号通过变频调速器来控制溶液泵的转速，使溶液循环量随制冷量的变化而变化。此种方法经济效果最佳，可使制冷量在 10%~100% 范围内调节。

在高、低压发生器的溶液进口管道上装设调节阀。当冷负荷降低时，装设在冷水出口管道 3 上的感温元件 4 发出信号，通过调节器 5、9 和执行机构，使溶液进口管道上的调节阀关小，减少进入发生器 6、7 的溶液量，可使发生器的放气范围基本保持不变，而制冷量随着溶液量的减少而减少，使冷水出口温度保持恒定不变。溶液循环量调节原理示意如图 7-7 所示。

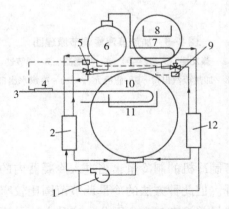

图 7-7　溶液循环量调节原理图

1—发生器泵　2—高温热交换器　3—冷冻水出口　4—感温元件　5、9-调节器　6—高压发生器
7—低压发生器　8—冷凝器　10—蒸发器　11—吸收器　12—低温热交换器

四、组合调节

主要由加热量调节与溶液循环调节相结合进行冷量调节的方法。采用溶液循环量调节时，由于制冷量的下降，使进入发生器的溶液减少，如果此时加热量不变，发生器溶液浓度就会增大，发生结晶的可能性增加。因此，有必要同时采用加热量调节，使加热量随溶液循环量的减少而减少，随溶液循环量的增加而增加。此种调节方法最经济、最灵活、最安全。

第八章　典型制冷空调装置的自动控制

制冷装置已广泛应用于社会生产和人民生活的各个领域。随着自动化技术以及计算机技术的发展，自动控制程度逐渐成为衡量制冷与空调装置技术含量高低的重要标志。通过学习自动控制基本理论、制冷空调系统常用控制器和执行器、制冷系统自动控制和空气调节系统自动控制等方面的知识，人们对制冷与空调装置自动控制技术有了一定的认识。运用自动控制理论知识，分析典型制冷与空调装置自动控制案例，有助于感知理性化，理论现实化。

本章主要介绍自动控制技术在家用变频空调器、中央空调系统、汽车空调以及冷藏库系统中的应用。考虑到生产厂家的实际工艺电气图和原理，文中图形符号及文字符号未做改动，以便学生实习时阅读。数字下面有黑线的为引脚号。

第一节　家用变频空调器的自动控制

随着人们生活水平及能源意识的不断提高，家用空调器已从传统控制向自动控制方向发展。本节以在国内行业中影响较大的科龙 KFR-28WBP 变频空调器为例，分析家用空调器控制电路的特点及原理。

科龙 KFR-28WBP 变频空调器控制电路由室内机和室外机两部分组成。室内机微型计算机控制电路的主芯片是 UPD75028GC，室外机的是 UPD75064。

一、室内机微型计算机控制电路分析

室内机有两块控制板，分别是电源板和微型计算机控制板。

（一）室内机电源板电路分析

图 8-1 是科龙变频空调器室内机电源电路图。由图可知，室内机电源板主要由电源变压器、整流电路、三端稳压器、双向晶闸管光耦合器等组成，电路中的 C107、C108 为高频滤波电容，C101 为低频滤波电容，R100 为压敏电阻。

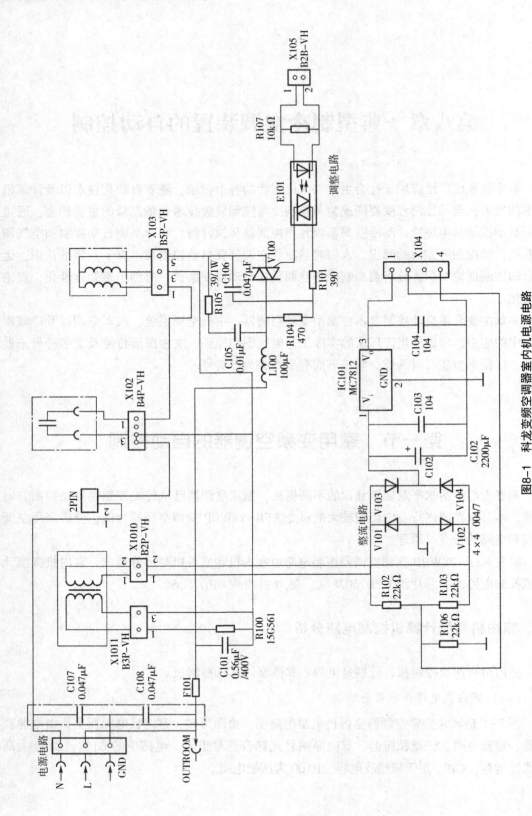

图8-1 科龙变频空调器室内机电源电路

（1）直流稳压电路。交流 220V 电压经变压器降压后输出 13V 左右电压，送入二极管 V101~V104 整流，经 7812 三端稳压器稳压，输出+12V 电压。其中，C102 为电源滤波电容，C103、C104 为高频滤波电容。

（2）过零检测电路。交流 220V 电压经变压器降压至 13V 左右输出，经 R102、R103、R106 检测出电源过零信号，然后通过插件 X104 送入室内机主控制板。

（3）风机驱动电路。室内主控制板通过接插件 X105 将风机信号输入光耦合器 E101 输入端，并通过控制晶闸管的导通角来调整风扇电动机的转速。其中，R105、C105 用于防止触点烧损，电感 L100 用于防止风机运行时瞬间电流过大，R104、R101 为负载电阻，R107 为光耦合器输入端的匹配电阻。

（二）室内机微型计算机控制板电路分析

室内机微型计算机控制板主要由电源电路、显示电路、复位电路、晶体振荡器电路、遥控接受电路、温度检测电路、风速检测电路等组成，如图 8-2 所示。

（1）直流稳压电路。该电路将电源电路板中的+12V 输入 7805 三端稳压器，经稳压后输出直流+5V 电压。其中，C221、C222 为低频滤波电容，C206 为高频滤波电容。

（2）复位电路。22 脚为复位端，该电路由 C203、R201、MC34064 组成。初次通电时+5V 通过 R201 给电容 C203 充电，由于通电瞬间电容 C201 相当于短路，22 复位脚为低电平，主芯片 IC201 是复位状态。当电容充电完毕后，主芯片复位脚为高电平，主芯片复位结束。MC34064 的作用是直流电压低于 4.5V 时，输出低电平，使主芯片自动复位。

（3）晶体振荡器电路。该电路由 4.000MHz 晶体振荡器与电容 C201、C202、R285 组成，为主芯片提供稳定的振荡频率。R285 为起振电阻，C201、C202 为起振电容。

（4）温度检测电路。环境温度热敏电阻 TH1 与分压电阻 R241 组成环境温度检测电路，管温热敏电阻 TH2 与分压电阻 R242 组成管温检测电路，上述两电路的作用都是通过热敏电阻将温度变化信号转换成电压信号送入主芯片进行温度自动控制。

（5）遥控接收电路。红外接收窗将遥控器发射信号接收后，经接插件 X210 直接送入主芯片的 44 脚进行遥控的功能控制，R225 为上拉电阻，C301 为防干扰电容。

（6）过零检测电路。过零信号经插件 X211 送入晶体管 V201 基极，通过晶体管集电极输出矩形波信号，然后输入主芯片中断 13 脚。R214 为集电极负载电阻，C205、C204 为防干扰电容。

（7）信号传输电路。正常工作时，由主芯片的 5 脚输出功能信号→N1 反相驱动器→光耦合器 IC285→二极管 V284、V283→接插件 X287 后送入室外机主控制板。

（8）信号接收电路。正常工作时由室外机主芯片（图 8-3）的 25 脚输出信号→反相驱动器→光耦合器 E502→接插件 X513→二极管 V281、V282→IC286 光电耦合器初级→主芯片 IC201 1 脚。

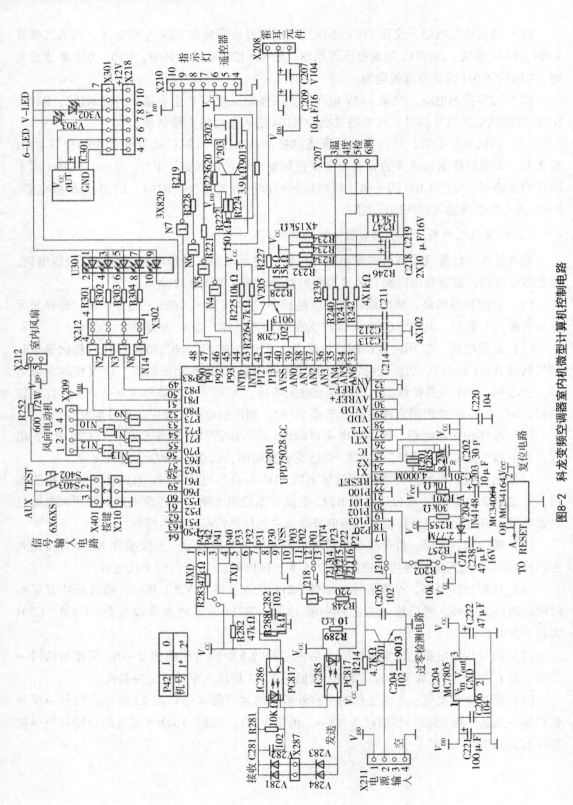

图8-2　科龙变频空调器室内机微型计算机控制电路

该机通信控制为主从查询方式，即室外机作主机向室内发出查询信号，若连续 6 次收不到室内机应答信号，则认为室内关机，室内机若 10s 内未收到室外机查询信号，则认为通信故障并显示（功率指示灯首与尾亮）。

（9）风速检测电路。霍耳元件将室内风机速度信号经接插件 X208 送到晶体管 V205 基极，此信号经晶体管放大送入主芯片自动进行风速控制，其中 C209、C207、C208 为滤波电容，R226 为集电极负载电阻，R227、R228 为偏置电阻。

（10）开关信号输入电路。该电路由开关 S403、S402 组成。正常时主芯片的 59、60 脚悬空，当开关 S403 或 S402 接通时，使主芯片的 59、60 脚瞬间接"地"。

（11）显示电路。主芯片的 48~52 脚中某一脚输出高电平信号，经反相器后变为低电平信号，此时相应发光二极管两端被加上+5V，发光二极管发光指示功率。主芯片的 46~48 脚中某一脚输出高电平信号，经反相器变为低电平信号，此时相应发光二极管两端被加上+5V，发光二极管发光指示空调器运行状态。

（12）反相驱动电路。风向电动机（步进电动机）驱动电路由主芯片的 53~56 脚输出高电平信号，经反相驱动器直接控制正反转。

蜂鸣器驱动电路由主芯片的 45 脚输出矩形波信号经反相驱动器反相，再经晶体管 V203 放大，驱动蜂鸣器发出蜂鸣声。

风扇电动机驱动电路由主芯片的 57 脚输出信号，经反相驱动器送入室内机电源电路，控制室内风机的开停与运转。

二、室外机微型计算机控制电路分析

科龙 KFR-28GW/BP 变频空调器室外机微型计算机控制电路主要由交流电源及保护电路、变频器高压直流电源电路、控制及显示电路、温度检测电路、通信电路、直流稳压电路、变频压缩机驱动电路、室外其他执行电路等组成，如图 8-3 所示。

（一）交流电源及保护电路

交流电源及保护电路如图 8-4 所示。电源电路中 F501 为延时熔丝（10A/250V）管，用以防止控制板短路或长时间过电流；同时又可在输入电压过高时与 F502 一起保护后面的电路，避免在出现过电压时损坏电路，F508、F507、F506 组成防雷保护电路。

C501、T501、C504、C503、C502 组成有效的电磁干扰滤波器电路，该滤波器有双向作用：能吸收电网对控制器电路的干扰；阻止电控器本身的谐波进入电网。F502 为压敏电阻，主要是为了防止电网的浪涌电压的冲击。压敏电阻的导电性能是非线性的变化，它的特性是当压敏电阻所加的电压低于设定电压值时，其内部阻抗接近于开路状态，只有微安级的漏电流通过，对电路不造成任何影响。当外施电压高于其额定电压时，对电压的响应时间非常快（纳秒级），它承受电流的能力非常惊人，而且不会产生续流和放电电流延迟现象。

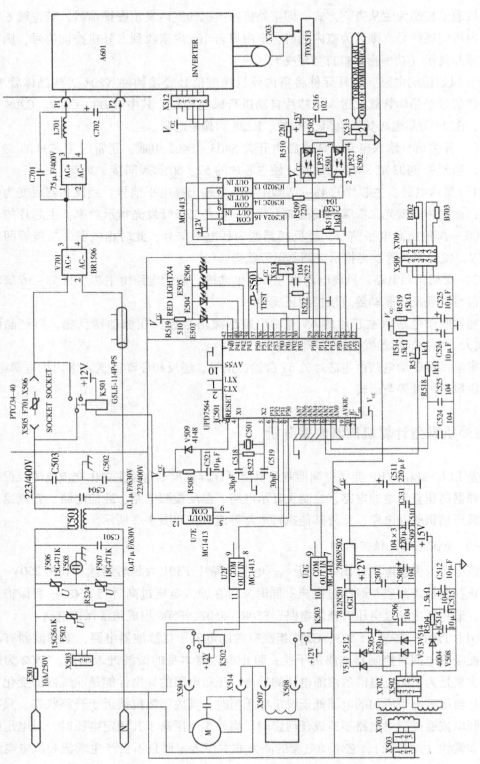

图8-3 科龙KFR-28W室外机微型计算机控制电路

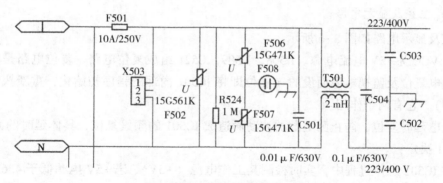

图 8-4　交流电源及保护电路

　　该滤波器电路的主要功能是吸收电网中的各种干扰，也具有抑制控制器本身对电网串扰以及过电压保护及防雷击保护等作用。

（二）变频器高压直流电源电路

　　变频器高压直流电源电路如图 8-5 所示。高压直流电源电路中 F701、K501 组成延时防瞬间大电流电路。其作用是防止上电初期瞬间大电流对电容的冲击，以避免插入电源插头与插座时产生打火。室内机各部件正常，3~5s 后，K501 继电器吸合。

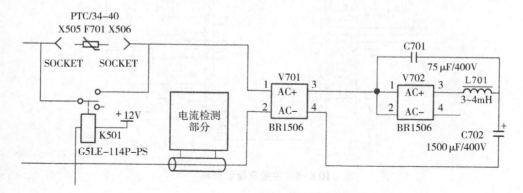

图 8-5　变频器高压直流电源电路

　　功率因数校正电路由 V702/BR1506、C701（75μF/400V）、L701（3~4mH）组成。

　　L701 为电抗器，属磁感元件，结构似变压器，有铁心及绝缘漆包线组成。其作用是当交流 220V 电压整流滤波后，还存有交流成分，当通过具有电感的电路时，电感有阻碍交流流过的作用，将多余的能量存储在电感中，可提高电源功率因数。

　　变频器高压直流电路主要的功能是把交流 220V 整流滤波为 300V 左右的高压直流，供给变频驱动部分作为主能源，并将已畸变的电流滤波校正，减少高次谐波，以奇次波为主，以偶次波为辅，防止对电网的干扰，并且提高功率因数。

（三）主控及显示电路

主控及显示电路如图 8-6 所示。

（1）VCC 为+5V 电流电源。R508、V509、C521 组成复位电路。复位电路是为 IC501 芯片的上电复位及监视电源而设的（复位即将 IC501 内部的程序初始化，重新执行 IC501 内的程序）。它有两个作用：

①上电延时复位，防止因电源的波动而造成 IC501 的频繁复位，具体延时的大小，由电容 C521 决定；

②在 IC501 工作过程中，实时检测其工作电源（+5V），若+5V 电源低于 4.6V，复位电路的输出端变为低电平，使 IC501 停止工作待下次上电时重新复位。

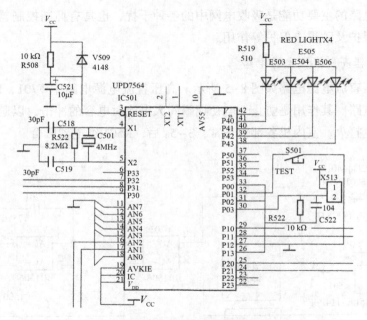

图 8-6　主控及显示电路

（2）C518、C519、R522 组成晶体振荡器电路。X1、X2 为 IC501 外接晶体端，G501 为 4MHz 晶体振荡器，R522 为起振电阻，C518、C519 起振电容，用于微调晶体振荡器振荡频率。

（四）温度检测电路

温度检测电路如图 8-7 所示。室外管温传感器 B703 与分压电阻 R515 组成管温检测电路，压缩机排气管温传感器 B702 与分压电阻 R514 组成排气管温检测电路，传感器 B703 控制除霜，传感器 B702 为压缩机温度保护。C524、C525 起防止电压变化过快或高低频干扰作用。此电路是通过热敏电阻将温度信号转换成电压信号送入主芯片进行温度自动控制的。

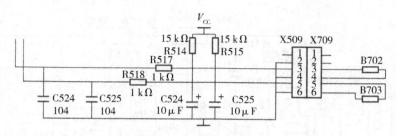

图 8-7　温度检测电路

（五）与室内机通信电路

与室内机通信电路如图 8-8 所示。主芯片 IC501 的 29 脚输出信号，经光耦合器 E501、E502、接插件 X513 送到室内机控制电路上。通信电路的作用是使室内机、室外机控制板互通信息，以保护运行协调一致。

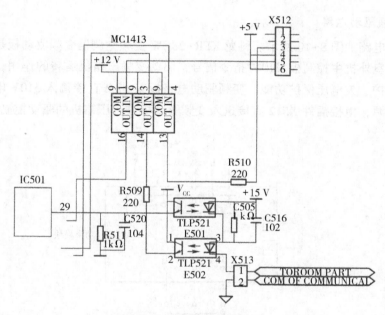

图 8-8　与室内机通信电路

（六）直流稳压电路

直流稳压电路如图 8-9 所示。220V 电源由变压器降为交流 14V 电压，经桥式整流 V511～V514，C505 滤波，7812 三端稳压器输出直流 +12V 电压，三端稳压器 7805V 输出直流 +5V 电压。电路上的 C505、C508、C511 为低频滤波电容，C506、C507、C509、C510、C531 为高频滤波电容。

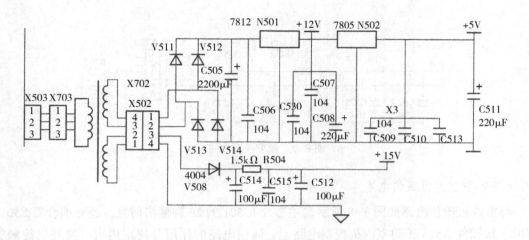

图8-9 直流稳压电路

（七）变频驱动电路

变频驱动电路如图8-10所示。科龙 KFR-28GW 变频空调器变频驱动板是一个电路组件，它起接收室外机主控制板发出的指令信号，驱动变频压缩机运转的作用，具有过热保护、过电流保护、欠电压保护功能。变频驱动电路板 N 与 P 直接输入 310V 电压，为变频器提供直流电源，由接插件 X512 直接送入变频驱动板进行压缩机的驱动控制。

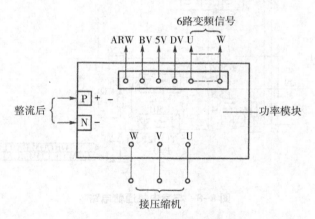

图8-10 变频驱动电路

（八）室外机继电器驱动执行电路

室外机继电器驱动执行电路如图8-11所示，继电器电路如图8-12所示。

由图8-11可知，主芯片的 7~9 脚组成室外风机、四通阀延时放大电流继电器驱动电路。当主芯片的 7~9 脚输出低电平信号时，K502、K503 不吸合，当主芯片输出高电平信号时，经反相驱动器输出低电平信号，K502、K503 线圈通电吸合，所控制的四通阀换向，室外风机运转。

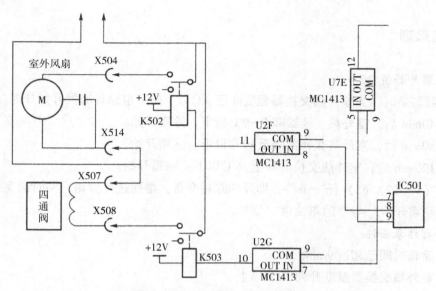

图8-11 室外机继电器驱动执行电路

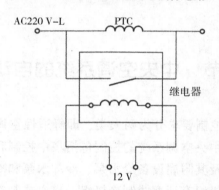

图8-12 继电器电路

三、控制电路保护功能

科龙 KFR-28GW/BP 变频空调器设有多种保护。如排气温度保护、运转过电流保护和通信异常保护等。

（1）排气温度保护。当室外压缩机排气温度超过 95℃ 时，控制压缩机降频运行，保证排气温度不超过 95℃。

（2）运转过电流保护。当室外机输入功率超过 1.8kW 时，控制电路接收室内机微型计算机芯片信号，控制压缩机降频运行，以保证室外机输入功率在 1.8kW 以下。

（3）通信异常保护。通信电路或通信线路断路和接错，均会造成通信中断。这是室内功率指示首尾两个 LED 灯点亮。当通信电路中断 20s 以上时，室外压缩机停机，故障灯显示。DS1 绿灯亮、DS2 红灯亮、DS3（红）灯亮、DS4 红灯亮。

四、除霜原理

1. 除霜开始条件

空调器制热时，当室外热交换器温度降至 3℃ 以下时，电路计时器开始计时。

（1）40min 后，室外热交换器降至 -9℃ 以下，除霜开始。

（2）80min 后，室外热交换器降至 -7℃ 以下，除霜开始。

（3）120min 后，室外热交换器降至 -6℃ 以下，除霜开始。

满足（1）（2）（3）任一条件，即开始除霜准备，继而进行除霜，同时向室内机控制板发送"除霜开始"与"除霜结束"信号。

2. 除霜结束条件

（1）除霜时间已超过 9min。

（2）室外热交换器温度升到 12℃ 以上。

满足（1）（2）任一条件即结束除霜。

第二节　中央空调系统的自动控制

中央空调按照参数的控制要求分为两大类，即舒适性空调系统和恒温、恒湿空调系统。冷、热源集中设置的中央空调系统的控制包括集中控制和局部控制两大部分。中央空调制冷系统由冷水机组及其附属设备冷水泵、冷却水泵和冷却塔等组成。根据制冷机组结构不同，常用的冷水机组有活塞式制冷机组、离心式制冷机组、螺杆式制冷机组和溴化锂吸收式制冷机组等。要使整个系统能稳定、安全地运行，除各个设备的电动机须有各自的控制电路外，还须正确安排各个设备的开、停机顺序，并且对它们实行联锁安全保护。

人类生存的舒适环境是 20~26℃、40%~60% 湿度下，具有新鲜空气的空间。空调系统的制冷过程可以实现舒适环境的温度和湿度，新风系统的工作可以保证房间空气的新鲜度。

舒适性中央空调控制系统设计是根据选择控制、分程控制、新风量控制、温度设定值自动再调等各种控制环节，构成图 8-13 所示的舒适性空调的完整控制系统。该系统主要由三个温度控制器组成，即 TIC1、TIC2 和 TIC3。TIC1 是一个多工况的分程控制器，TIC2 用于工况转换，TIC3 用于对室内温度设定值的自动再调。

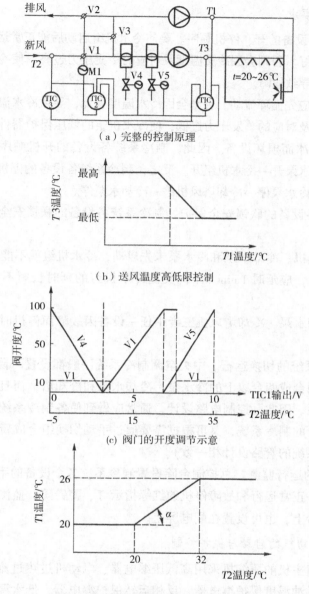

（a）完整的控制原理

（b）送风温度高低限控制

（c）阀门的开度调节示意

（d）室内温度设定值随室外温度的自动调节

图8-13　舒适性空调的完整控制系统

一、螺杆式中央空调控制系统

本例介绍 RCU100SY$_2$ 螺杆式冷水机组中央空调制冷系统的集中控制，以及对空调末端装置的局部控制。

（一）系统控制要求

（1）制冷系统各设备的开、停机顺序。要使冷水机组启动后能正常运行，必须保证：

①冷凝器散热良好。否则会因冷凝温度及对应的冷凝压力过高，使冷水机组高压保护器件动作而停车，甚至导致故障。

②蒸发器中冷水应先循环流动。否则会因冷水温度偏低，导致冷水温度保护器件动作而停车；或因蒸发温度及对应的蒸发压力过低，使冷水机组的低压保护器件动作而停车；甚至导致蒸发器中冷水结冰而损坏设备。因此，制冷系统各设备的开机顺序应为：冷却塔风机开→冷却水泵开→冷水泵开→冷水机组开。反之，制冷系统各设备的停机顺序应为：制冷压缩机停→冷水机组用冷水泵停→冷却塔风机停→冷却水泵停。

（2）制冷系统各设备的联锁安全保护。制冷系统各设备的联锁安全保护在电路设计上应保证：

①只要冷却塔风机、冷却水泵和冷水泵未先启动，冷水机组就不能启动；

②冷水泵启动后，应延时 1min（不同类型冷水机组的延时长短不尽相同）冷水机组才启动；

③冷水泵、冷却水泵、冷却塔风机三者中任一设备因故障而停机时，冷水机组应能自动停车。

（3）多套制冷系统的切换运行。中央空调制冷系统一般都设置两台或两台以上的冷水机组，相应配备有两台或两台以上的冷水泵、冷却水泵和冷却塔，而且冷水泵和冷却水泵往往都还设有备用泵。因此，控制电路设计，通常应做到使各制冷系统设备既能组成两套或两套以上独立运行的制冷系统，又可根据需要通过手动切换组合成新的系统（需与制冷系统冷水和冷却水系统的管路设计相一致）。

（4）制冷系统的运行监测。总控制台除设置制冷系统各个设备的手动控制按钮外，还需设置显示各个设备正常运行和故障停机的红绿指示灯、警铃等。监测电路电压、电流的仪表可设置在控制台上，也可设置在配电屏上。

（二）压缩机电动机的启动与保护控制

螺杆式冷水机组主机的压缩机采用高低压继电器、电动机过热过流保护继电器、内部高温保护继电器、供油温度保护继电器、反相运转保护继电器、低水温保护继电器、空气开关等进行安全保护。在线路控制上，这些保护电器的触点是串联的，只要上述保护电器之一出现故障，就能导致压缩机自动停机。

RCUIOOSY$_2$ 螺杆式冷水机组有两台压缩机电动机 M_1 和 M_2，每台电动机的额定功率为 29kW。由于采用大于 5kW 的三相异步电动机，因此，必须采用降压启动，这里采用 Y-△型降压启动方式，以便启动电流（Y接）降低为△接正常运行电流的 1/3 倍；并且当第一台压缩机电动机启动以后，第二台压缩机才能启动，以减轻启动电流对电网的冲击，启动时间是由电子时间继电器 KT$_1$（x、y、z）及 KT$_2$（x、y、z）分别控制的。

当压缩机电动机主电源开关 QS 闭合后，经过电源电压换相开关 SA，三相 380V 交流

电源分别接到 L_1、L_2、L_3 端，零线 N 接到 X_2 端。三相交流电源经过保险丝 $FU_{1\sim3}$ 及 $FU_{4\sim6}$ 分别把三相电源接到反相运转保护继电器线圈 KR_1 及 KR_2 的 R、S、T 端，接入 KR_1 及 KR_2 的目的是为了保证压缩机电动机的正确转向。

在压缩机电动机启动以前，220V 交流电源经过 FU_4 接通了两台压缩机的油加热器 EH_1 及 EH_2。它们是与供油温度保护电器 $ST_{12,22}$ 配合使用的，一般保持油箱内油温在 $110\sim140℃$ 之间，使压缩机启动前润滑油先加热。

主机保护器件冷水低温保护继电器 ST_0、供油温度保护继电器 $ST_{12,22}$、压缩机内部高温保护继电器 $ST_{11,21}$，压缩机低压压力保护继电器 $SP_{12,22}$、高压压力保护继电器 $SP_{11,21}$、三相过流保护继电器 $FR_{1,2}$ 等分别串入有关相电路中。为了进行安全联锁控制，一般把它们的触点串联起来，只要上述保护电器之一的触点因相应故障断开，压缩机便会自动停机。

另外一种安全联锁控制是：只有当冷却水泵、冷水泵、冷却塔风机都投入正常运行的情况下压缩机方能启动运行。这其中任一台设备出现故障，压缩机都会自动停机，以防发生事故。同样，这三个系统分别使用一个中间继电器，它们的触点在主控制回路中串联起来，从而保证了三个系统启动以后，压缩机电动机才能启动。

当 QS 闭合后其导通的控制回路是：单相 220V 交流→FU_4→动断停止按钮 SBP→接线柱①→KA_2 的动断触点 6、2→ST_{22}→SP_{21}→SP_{22}→SP_{21}→FR_2→KA_4 动断触点 6、2→KA_{21} 线圈→接零。KA_{21} 线圈带电其动合触点 5、3 闭合自锁。

另一回路从①→KA_3 动断触点 5、1→ST_{12}→SP_{11}→SP_{12}→SP_{11}→FR_1→KA_4 动断触点→中间继电器线圈 KA_{11}→地。由于 KA_{11} 线圈带电其动合触点 5、3 闭合自锁。KA_{21} 及 KA_{11} 动合触点闭合时，上述两支路受 ST_0 动断触点 C、T 所控制；又由于 KA_{21} 及 KA_{11} 线圈带电，分别使其动断触点 6、2 断开，而动合触点 6、4 闭合（见结点 E），便为两台压缩机启动做好了准备。

当按下启动按钮 SBT，如果冷却水泵、冷冻水泵、冷却塔风机已经启动投入运行，则其中间继电器 KA_{40}、KA_{50}、KA_{60} 动合触头是闭合的，且靶式流量计在流量正常的情况下 LKB_1 动合触点是闭合的，则启动主机导通的准备回路是：

单相交流 220V→FU_4→SBP→SBT→KA_{40}→LKB_1→KA_{50}→KA_{60}→中间继电器 KA_3 线圈→地。

KA_2 线圈带电，其动断触点 6、2 断开，动合触点 6、4 闭合，KA_3 线圈带电，其动断触点 5、1 开断，动合触点 5、3 闭合，便使下面两条支路导通：

一条是 ~220V → FU_4 → SBP → ① → KA_3（5、3）→ E 点 → KA_{11}（6、4）及 KA_{21}（6、4）→红灯（HL_{11} 及 HL_{21}）亮，表示两台压缩机投入启动。

另一支路是~220V→FU_4→SBP→SBT→虚线框内冷水电子温控器线圈 ST（A、B）→地，则电子温控器处于工作状态。ST_1、ST_2、ST_3、ST_4 四个动断触点由于压缩机处于启动状态，冷水温度未降低，它们是闭合的。压缩机启动过程是配合电子时间继电器 $KT_{1,2}$（x、y、z）一起工作的，其启动导通的回路是：

~220V→FU_4→SBP（1、2）→KA_3（5、3）→E 接点→KA_{11}（6、4）→33→ST_1（C_1、L_1）→KT_1（x、y、z）线圈→地。

电子时间继电器三个触点 KT_1（x）、KT_1（y）、KT_1（z）的工作时间顺序是：

线圈 KT_1（x、y、z）由于 KA_{11}（6、4）闭合后带电，KT_1（x）动合触点（1、3）延时 3min 闭合，待 KT_1（x）闭合后 KT_1（y）动断触点（6、5）延时 5s 打开，以便使第一台压缩机接成 Y 型启动；在 KT_1（y）开始延时时，KT_1（z）动断触点（9、8）延时 30s 打开。

第一台压缩机电动机 M_1，接成星形启动的过程是：

~220V 接线柱 E→KA_{11}（6、4）→33→ST_1（C_1、L_1）→KT_1（x）（1、3）→KT_1（y）（6、5）→KM_{13} 动断触点→KM_{12} 接触器线圈→地。

由于 KM_{12} 线圈带电，使主回路中三相交流接触器 KM_{12} 主触头闭合，电动机三相绕组 x、y、z 连成一点（Y 型接法），而 KM_{12} 在控制回路中的动合触点闭合（A_1、A_2 接通），经 KR_1 已闭合的动合触点，接通了 KM_{11} 三相接触器线圈。

由于 KM_{11} 线圈带电，其动合触点 A_1、A_2 闭合，使之处于自锁状态。在主回路中，KM_{11} 三相交流接触器主触头闭合，380V 交流电源接通了 V、U、W 三相绕组，使电动机 M_1 在 Y 型接法下启动。经 5s 启动时间，电动机不断加速，5s 后，KT_1（y）动断触点 6、5 断开，其动合触点 6、4 接通，KM_{12} 线圈断电，其动断触点 B_1、B_2 闭合使 KM_{13} 交流接触器线圈带电，于是主回路中三相交流接触器主触头在 KM_{12} 断开后，KM_{13} 则闭合，电动机 M_1 从 Y 型接法转为 △ 型接法，转入正常运行状态。

启动时由于 KT_1（z）动断触点接通了启动电磁阀线圈 YV_{11}，YV_{11} 带电，它推动能量控制电磁阀 YV_{12} 滑块关闭回气通道，使压缩机电动机能够空载启动。

从 KT_1（y）动断触点 5、6 延时断开起，KT_1（z）动断触点 9、8 同时延时 30s 打开。30s 后，其动合触点 9、7 接通，YV_{12} 断电，YV_{12} 能量控制电磁阀线圈由于 ST_3（C_3、H_3）是断开的，故不带电，恢复阀门开度达最大，这时电动机已转入 △ 接法正常运行状态。

同理，第二台压缩机电动机 M_2 Y-△ 启动过程与第一台电动机基本上是一致的，所不同的只是第二台电动机的电源是由 KA_{21} 动合触点 6、4 引入的，经接点 47 到电子温控器动断触点 ST_2（C_2、L_2）及 ST_4（C_4、L_4）而工作的。其通电时间是设定在第一台压缩机启动转入 △ 型运行后才开始启动的，即从 KT_1（x）延时闭合开始计算，KT_2（x）需要 4min 才能闭合进行 Y-△ 启动并投入运行。这就保证了第一台压缩机开始启动后 1min，第二台压缩机才开始启动。

二台压缩机电动机投入运行后，如果冷水的水温没有降到设定温度（由电子温控器热敏电阻 RT_1 检测），则 ST_1、ST_2、ST_3、ST_4 仍处于动断状态，也就是说两台压缩机继续投入制冷运行。

（三）螺杆式冷水机组的冷水温度控制

螺杆机的冷水温度控制是采用主机运行、停机控制方式与能量调节结合进行的。这种水温控制方式是通过控制冷水的回水温度来实现的。它采用热敏电阻 RT_1 作为温度传感，其放置在蒸发器冷水回水入口处，由电子温控器去控制回水温度；图中 RT_2 是电子温控器的可变电阻，用以调定温控范围。利用 ST_1、ST_2、ST_3、ST_4 触点接通、断开主机或接通、断开能量控制电磁阀，以进行温度控制。其控制过程如下：

当两台压缩机满负荷运行时，电子温控器 ST_1 的 C_1、L_1 接通，ST_2 的 C_2、L_2 接通，ST_3 的 C_3、L_3 接通，ST_4 的 C_4、L_4 接通，能量控制电磁阀线圈 YV_{12}、YV_{22} 和启动电磁阀 YV_{11}、YV_{21} 的线圈都是断电的，能量控制电磁阀开度最大。这时汽化后的工质被压缩机全部吸入，冷水回水温度为设计值 12.22℃。为保持在这温度下运行，要求压缩机作间歇性运转，使机组的制冷量能够经常与热负荷保持平衡。为减少压缩机的启动次数，可结合采用能量调节控制。如果将两台压缩机满负荷运行时的能量控制率定为100%，则电子冷水温控器按顺序变化 $ST_1 \sim ST_4$ 触点的通断状态，便可获得不同的能量控制率。

如果因空调房间热负荷减小，冷水的温度下降4℃，则 ST_4 动断触点 C_4、L_4 断开，动合触点 C_4、H_4 闭合，而 $ST_1 \sim ST_3$ 触点不变，这时两合压缩机均处于运行状态，YV_{11} 及 YV_{12} 线圈均断电，第一台压缩机满负荷运行；第二台压缩机由于 ST_4 的 C_4、H_4 闭合，故能量控制电磁阀线圈 YV_{22} 带电，使能量控制电磁阀滑块动作，阀门开度减小，使回气通道只能通过回气工质的50%，于是能量控制率即变成75%。

当冷水温度再下降1℃（即共下降5℃），此时 ST_1、ST_2 触点不变，ST_4 仍使 YV_{22} 带电，而 ST_3 动断触点 C_3、L_3 断开，动合触点 C_3、H_3 闭合。第一台压缩机能量控制电磁阀 YV_{12} 从断电状态变为带电状态，阀门开度减小，只能通过回气工质的50%，第一、二台压缩机在50%能量控制下运行，其综合能量控制率也就为50%。

如果冷水的温度再下降1℃（即共下降6℃），ST_2 动断触点 C_2、L_2 断开，动合触点 C_2、H_2 闭合，ST_1、ST_3、ST_4 触点状态与下降5℃相同。由图可见，这时第二台压缩机时间继电器线圈 ST_2（x、y、z）断电，使第二台压缩机主回路接触器全部断开，第二台压缩机停止运行；而第一台压缩机则处于 $50 \sim 0$ 能量控制下运行，其综合能量控制率便下降为25%。

冷冻水温度如果再下降1℃（即共下降7℃），ST_1 触点 C_1、L_1 断升，C_1、H_1 闭合，使第一台压缩机停止工作，ST_2、ST_3、ST_4 触点状态与下降6℃相同，则第一、二两台压缩机均停止运行，此时能量控制率为零。

$RCU100SY_2$ 机组能量控制可按100%、75%、50%、25%、0共五个挡调节。

（四）保护装置的功能

（1）冷水低温保护继电器。当冷水温度为5.5℃时，ST_0（冷水低温保护继电器）的 C、T 触点闭合；冷水温度下降到2.5℃时，ST_0 的 C、T 触点断开，而动合触点 C、R 闭合。接通辅助继电器线圈 KA_4，于是 KA_4 的动断触点5、1及6、2断开，辅助继电器线圈 KA_{11} 及 KA_{12} 断电，KA_{21}、KA_{11} 动合触点恢复断电状态（触点6、4断开）。这样，控制主回路的三相交流接触器线圈 $KM_{11,21}$、$KM_{12,22}$、$KM_{13,23}$ 均处于断电状态，使两台压缩机停止运行，防止冷水结冰。直到冷水温度回升后，压缩机再重新启动运行。

（2）高压开关与低压开关。当冷凝器中冷却水中断，螺杆压缩机出口高压超过设定的压力时，$SP_{11,21}$（高压压力保护继电器）动断触点断开，使两台压缩机停止运行

（SP$_{11,21}$阻断压力为2.2MPa，接通压力为1.6MPa），防止超高压而引起事故。当压缩机吸气压力减小到预置压力以下（预置阻断压力为0.25MPa，接通压力为0.5MPa）时，SP$_{12,22}$（低压压力继电器）动断触点断开，KA$_{11}$及KA$_{21}$线圈断电，也使两台压缩机停止工作。

（3）三相快速高灵敏度过流继电器。FR$_1$为第一台压缩机的三相过流继电器，FR$_2$为第二台压缩机的过流继电器，它们的控制线圈分别串联在L$_1$、L$_2$、L$_3$三相主回路中。RCUlOOSY$_2$螺杆机其过流继电器设定电流为72A，当超过此电流值时立即使FR$_1$和FR$_2$的动断触点断开，KA$_{11}$及KA$_{21}$继电器线圈断电，两台压缩机停止运行。

（4）内部高温保护继电器。ST$_{11,21}$为控制回路中两台压缩机电动机内部绕组高温保护继电器的动断触点，其高温温度是由嵌入螺杆机组电动机绕组内的传感器传递的。当该电动机绕组温度为93℃时ST$_{11}$及ST$_{21}$动断触点接通；当电动机绕组温度为115℃以上时这两个动断触点断开，使两台压缩机停止运行，以便对压缩机电动机加以保护。

（5）油加热器。EH$_1$及EH$_2$分别为两台压缩机的油加热器，它浸渍在螺杆压缩机的油箱中。当压缩机停止运转后，油温降低到低于110℃时，油的黏度太大会使压缩机难以启动。为此，使用油加热器，当油温低于110℃时接通，油温升高到140℃肘油加热器断开。

为保证电动机能顺利启动，防止电动机损坏，在压缩机启动前，通过接触器的动断触点KM$_{11}$及KM$_{21}$接通二个油加热器EH$_1$及EH$_2$，使油达到需要的预热温度；电动机启动后KM$_{11}$及KM$_{21}$断开，停止油加热器通电，油加热器的容量为150W。

（6）压缩机反转保护继电器。KR$_{1,2}$为两台压缩机电动机的两个反转保护继电器，其中R、S、T三个引线分别接人L$_1$、L$_2$、L$_3$三相电源线。这个继电器可以检测出电源相线反接时，螺杆机逆向运转的错误。有错时，操作者只要把电源相线中的任两根调换连接即可。

（五）制冷系统控制电路

上面介绍的是冷水机组的控制电路。下面以图8-14电路为例，介绍与冷水机组控制电路配合的冷却水泵、冷水泵和冷却塔的控制电路。

（1）冷却水泵控制回路及与冷水机组本机联锁。本例冷却水泵电动机功率较大（超过5kW），采用抽头式自耦变压器T$_1$利用其55%挡降压启动。

①启动。闭合自动空气开关Q$_1$，电源指示灯HL$_{13}$亮；按下冷却水泵启动按钮SBT$_1$，交流接触器KM$_{13}$线圈得电，其与SBT$_1$并接的动合辅助触点闭合自锁，另一动合辅助触点闭合，使交流接触器KM$_{12}$线圈及时间继电器KT$_1$线圈得电；主电路中接触器KM$_{13}$和KM$_{12}$的主触点闭合，冷却水泵电动机经T$_1$降压启动。此时，KM$_{12}$动断触点断开，HL$_{13}$灭；而KM$_{12}$辅助动合触点闭合，冷却水泵启动指示灯HL$_{12}$亮。

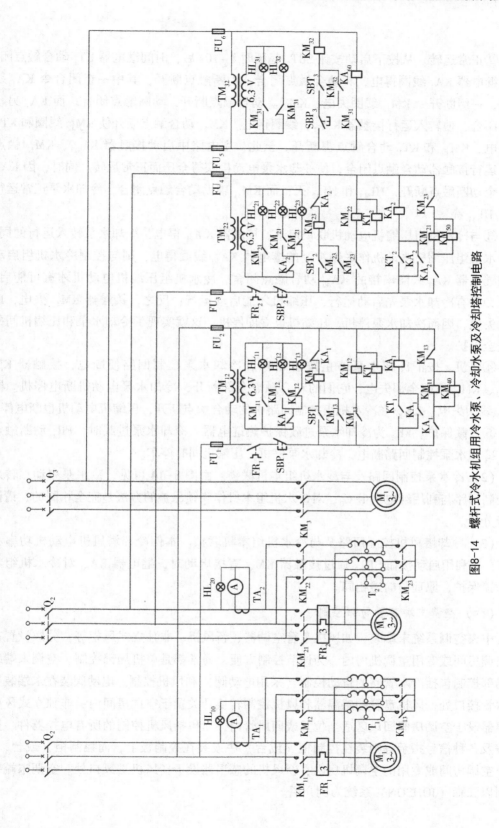

图8-14　螺杆式冷水机组用冷水泵、冷却水泵及冷却塔控制电路

②正常运转。从按下启动按钮 SBT_1 起延时 $8\sim10s$ 后，时间继电器 KT_1 动合触点闭合。中间继电器 KA_1 线圈得电，其动合触点闭合，动断触点断开，其中一组闭合令 KA_1 线圈自锁，一组断开令 KM_{13} 线圈失电，KM_{13}。动合触点断开，动断触点闭合；而 KA_1 另一个触点闭合，使转入运行接触器 KM_{11}，线圈得电。KM_{13} 动合触点断开使 KM_{12} 线圈和 KT_1 线圈失电，KM_{12} 和 KT_1 动合触点都断开。至此，主电路中启动接触器 KM_{13}、KM_{12} 触点断开，运行接触器动合触点闭合，使冷却水泵电动机获得全压而正常运转。同时，因 KA_1 的另一个动断触点断开，HL_{13} 和 HL_{12} 灭；而 KM_{11} 辅助动合触点闭合，冷却水泵正常运行指示灯 HL_{11} 亮。

③与冷水机组压缩机电动机联锁控制。接触器 KM_{11} 得电，冷却水泵转入运行的同时，与冷水机组压缩机电动机作联锁控制的继电器 KA_{40} 线圈得电，则与控制冷水机组启动的中间继电器 KA_3 线圈串接的 KA_{40} 动合触点闭合，冷水机组压缩机电动机才有可能启动。可见，只有冷却水泵先启动运行，压缩机才能启动运行；反之，接触器 KM_{11} 失电，KA_{40} 同时失电，因而冷却水泵停机，压缩机也立即停机。这就实现了冷却水泵和压缩机间的联锁安全保护。

④停机。按下冷却水泵停止按钮 SBP_1，冷却水泵控制回路便断电，接触器 KM_{11}、KM_{12}、KM_{13} 线圈全部失电，它们的动合触点全部断开，冷却水泵电动机断电停机。同时 KA_{40} 线圈失电，KA_{40} 在冷水机组控制回路中的动合触点断开，压缩机电动机也断电停车。

⑤过载保护。FR_1 为冷却水泵过载保护热继电器，冷却水泵过载时，FR_1 动断触点断开，冷却水泵控制回路断电，冷却水泵停机，压缩机同时停车。

（2）冷水泵控制回路及与冷水机组本机联锁。由图 8-14 可见，冷水泵启动、转入运行控制回路与利用继电器 KA_{50}，对冷水机组本机作联锁保护的方法是完全相同的，请读者自行分析。

（3）冷却塔风机控制回路及与冷水机组本机联锁。本例冷却塔风机电动机功率小于 $5kW$，故利用启动按钮 SBT_3 通过接触器 KM_{32} 直接启动时，继电器 KA_{60} 对冷水机组本机作联锁保护，原理与前述相同。

（六）空调末端装置局部控制

中央空调系统末端装置如风机盘管空调器、新风机、非独立式风柜等，分散设置在各个空调房间或专用空调机房内，为调节控制方便，通常都是单机局部控制。空调末端装置的局部控制包括冷水管路的自动控制（采用电动阀）和风机控制。电动阀装在末端装置的回水管接口处，风机盘管的感温器和风机控制转换开关置于空调房间内；非独立式风柜的感温器设于空调房间回风区适当位置或回风管内，而包括风机控制的所有电控器件、监测仪表及各种信号指示等则装在控制柜（或台）中或装在控制板上，而控制柜（或台、板）设于空调房间或专用的空调机房内；新风机的感温器设于新风机送风口处。空调末端装置控制以江森（JOHSON）系统为例介绍。

（1）风机盘管控制。

（2）新风机控制。图 8-15 为二管式、冷/热水两用盘管新风机控制示意图。这种新风机用于全年空调处理新风，其盘管夏季通冷水，冬季通热水。其中，ST_2 为带手动复位开关的低温断路恒温器，与风机启动器和报警装置相连。温控器 ST_2 安装在总供水管上，ST_3 为风管式温度控制器，SP 为压差控制器，与过滤网报警装置相连，YM 为两通电动调节阀，V 力风闸，与风机相连，ST_4 为供水温控器。

①冬/夏季节转换控制。在新风送风温控器 ST_4 的某两个指定的接线柱上外接一个单刀双掷型温控器 ST_2，其温度传感器装设于冷/热水总供水管上，即可对系统进行冬季/夏季的季节转换。在夏季，系统供应冷水，ST_2 处于断路状态，ST_4 将设定点温度与 ST_3 检测的温度相比较，并根据比较的结果输出相应的电压信号，送至按比例调节的电动二通阀 YM，控制阀门开度，改变盘管冷水流量，从而使新风送风温度保持在所需的范围内。在冬季，系统供应热水，ST_2 处于闭合状态，这时 ST_4 对电动阀的控制将改变为：当送风温度下降时，令电动阀 YM 的阀门开度增大，以保持送风温度的稳定。温控器 ST_2 是根据总供水由夏季的冷水改变为冬季的热水时的水温变化来自动实现系统的冬/夏季节转换的。冬/夏季节转换也可用手动控制，这只需将 ST_2 温控器换接为一个单刀开关，夏季令其断开，冬季令其闭合即可。

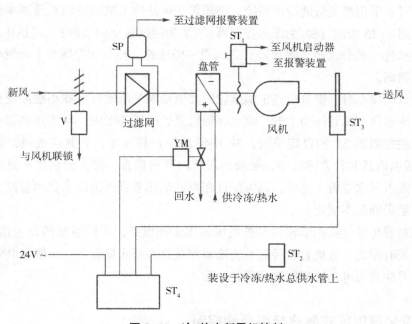

图 8-15　冷/热水新风机控制

②降温断路控制。图 8-15 中，顺气流方向，装设在盘管之后的控制器 ST_1 是一种带有手动复位开关的降温断路温控器，在新风送风温度低于某一限定值时，其内的触点断开，切断风机电路使风机停止运转，并使相应的报警装置发出报警指示，同时与风机联锁的风阀和电动调节阀也关闭。降温断路温控器在系统重新工作前，应把手动复位杆先压下

再松开，使已断开的触点复位闭合。这种温控器设置直读刻度盘，温度设定点可通过调整螺栓进行调整，调整范围为 2~7℃。温控器的感温管置于盘管表面。

（七）冷水/热水压差旁路控制

中央空调冷水系统将各类空调末端装置连接起来，由置于中央机房的冷水机组向系统供应冷水。由于各空调末端装置水路均设有作局部水量控制的电动二通阀，其阀门按空调负荷的随机变比而动作，将使整个系统对冷水的需求量也处于不断的变化之中。当空调负荷减少时，部分电动二通阀将关闭或开度减小，系统回水量减少。进入冷水机组的水量过低于额定值时，将导致冷水温度过低而使机组停车（由冷水机组的冷水低温保护断电器自动控制）。同时冷水泵的工作状况也将因水量变化而变化，流量减小，压头增

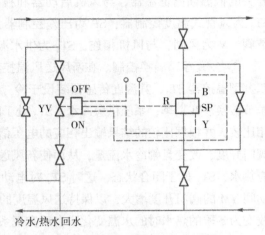

冷水/热水回水

图 8-16　冷水/热水压差旁路控制

加。因此，对于采用变流量的冷水系统，必须设法保证冷水机组的回水量基本恒定。最简单的做法如图 8-16 所示（SP 为压差控制器，YV 为两通电动调节阀），就是在冷水系统总供水与总回水管（或分水器与集水器）之间设一旁通管，并且在旁通管上设置自动控制的压差电动二通阀。

当空调负荷减小时，部分空调末端装置因其电动阀关闭或开度减小被停止或减少冷水供水，系统冷水供水总管压力上升，供水和回水总管间压差增大。在供水和回水总管间的压差大于压差控制器 SP 的设定值时，SP 中浮动触点杆令 R、Y 触点接通，电动二通阀YV 电动机通电沿逆时针方向转动，驱动阀门转向开启位置，使部分供水不进入系统而直接经旁通阀流入回水总管。这样，就可保证在空调末端装置所需冷水供水量减少时，冷水机组的回水量仍能基本恒定。

压差控制器可通过其调节转轮对控制压差作多种设定，不同系统的设定值一般不同，应在系统初调时完成。旁通管管径与系统冷水流量及旁通水量有关，一般在 DN50~DN100之间选择，并注意与电动二通阀接管管径一致。

二、典型溴化锂吸收式制冷机组自动控制

采用图 8-17 所示的 SXZ 蒸汽型双效溴化锂吸收式制冷机组，说明溴化锂吸收式制冷机组自动控制。主要技术参数有：适用工作压力表压 0.25MPa，0.40MPa，0.6MPa；冷水出水温度分别有 7℃，8℃，10℃，13℃；机组制冷量 120~5800kW；冷却水进口温度32℃；另有冷却水压力为 1.0MPa，1.6MPa 的机组。

　　工作条件：冷却水出口温度不低于 5℃；工件蒸汽为饱和蒸汽，干度 99%以上，过热度不大于 50℃；冷却水要求清洁淡水，水质符合有关规定。

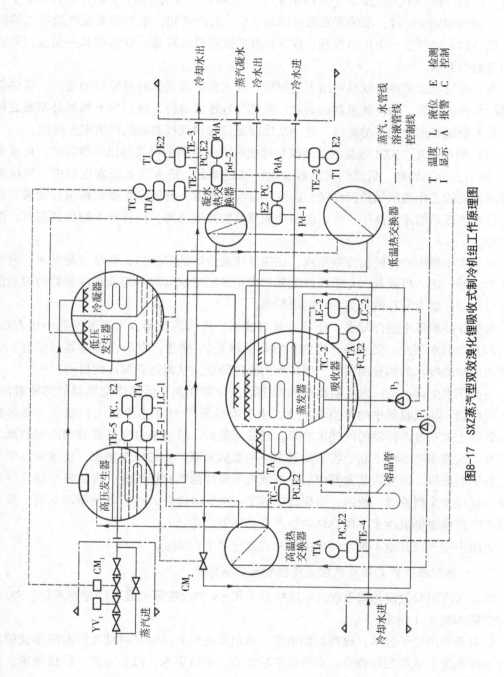

图8-17　SXZ蒸汽型双效溴化锂吸收式制冷机组工作原理图

（一）工作原理及制冷循环

（1）工作原理。液体蒸发温度与其相应的压力有密切关系，压力越低，其蒸发温度也越低。例如，在一个大气压下（0.10MPa），水的蒸发温度为100℃；而在0.00891个大气压（0.000899MPa）时，水的蒸发温度降为5℃。由此可知，水的蒸发温度随压力的降低而降低，如果能创造一个压力很低，或者说真空度很高的环境，让水在其中蒸发，就能获得相应的低温水。

溴化锂吸收式制冷机就是利用上述原理，让水在压力很低的蒸发器中蒸发、吸热制取低温冷水的。显然，为使蒸发器的蒸发、吸热过程连续进行，就必须不断地补充蒸发掉的水，并不断地带走蒸发后的蒸汽。这一功能就是依靠溴化锂溶液的性质来实现的。

（2）制冷循环。SXZ型蒸汽双效溴化锂吸收式制冷机的吸收器出口稀溶液，由发生器泵 P_1 输送，分别经高、低温热交换器及凝水回热器后，进入高低压发生器中，稀溶液被在管内流动的工作蒸汽加热而沸腾、蒸发，溶液被浓缩，低压发生器的稀溶液则被在低压发生器管内流动的来自高压发生器的制冷剂蒸汽加热而沸腾，同样产生制冷剂蒸汽，溶液被浓缩。

高压发生器中产生的制冷剂蒸汽，加热低压发生器的溶液后，凝结成冷剂水，经节流后压力降低，进入冷凝器，与低压发生器中产生的制冷剂蒸汽一起被在冷凝管内流动的冷却水所冷却，成为与冷凝压力相应的冷剂水。

聚集在冷凝器中的冷却水，经U型管节流后，进入蒸发器，由于蒸发器中压力很低，便有部分冷剂水蒸发，而大部分冷剂水由蒸发器泵 P_3 输送，喷淋在蒸发器管簇上，吸收在管内流动的冷水的热量而蒸发，使冷水的温度降低，从而达到制冷的目的。

由高压发生器、低压发生器出来的浓溶液，分别经高、低温热交换器加热稀溶液后，进入吸收器，与吸收器中的稀溶液混合，由吸收器泵 P_2（图中未标出）输送，喷淋在吸收器管簇上被在管内流动的冷却水冷却，温度降低后，吸收来自蒸发器的制冷剂蒸汽成为稀溶液。这样喷淋溶液不断吸收蒸发器中冷剂水蒸发而产生的冷剂蒸汽，使蒸发器中的制冷过程不断进行。因吸收蒸发器中制冷剂蒸汽而变稀的溴化锂溶液，再由发生器泵分别送往高、低压发生器沸腾、浓缩。这样就完成了一个制冷循环。过程如此循环不断，蒸发器就能不断地输出低温冷水，供空调或生产工艺降温之用。

机组中空气或其他不凝性气体由旋片式真空泵PV抽除。

（二）溴化锂吸收式制冷机组电气控制及安全保护

SXZ蒸汽型双效溴化锂吸收式制冷机组采用SK型电控箱完成自动控制系统。SK型控制箱功能如表8-1所示。

整机采用微电子技术，提高控制精度。机组装备具有运转计时功能同时成本又较低的电控操作系统。该控制箱特点：安全保护功能全，运行可靠，操作方便，维修简单。以上为标准型控制箱，有箱挂式、台式、箱挂式和台式双回路三种。该装置电源采用交流三相四线制：380V，50Hz；控制电压为直流5V。

表 8-1　溴化锂制冷机控制装置型号功能简表

型号	功能	检测执行机构
SK	手动开机，停机故障声光报警，自动保护，运转时间累计，停电保护	温度控制器：WTIK-50C 压差控制器：CWK11 压力控制器：YWK22 蒸汽电磁阀：ICI-Φ Φ为直径，大于等于蒸汽接管直径
IK-1	包括 SK 型全部功能，另增加程序开机、停机、故障自动停机。冷量自动调节	在 SK 型基础上增加：MCS-51 单片微机系统、蒸汽电动调节阀、温度传感变送器、WBS-2
IK-2	在 IK-1 型基础上，增加温度巡回检测，数字显示，定时打印记录，液位控制	在 IK-1 型基础上增加：液位控制器、自动数码显示、6 位 LED 微型打印机、TP-16B
IK-3	除完成机组的程序开机、停机，冷量自动调节，液位自动控制外，实现了外系统自动控制，制冷量及各参数 CRT 模拟显示，并打印运转报表	通用微型计算机，针式打印机，温度传感变送器，压力传感变送器，流量传感变送器，液位控制器，蒸汽电动调节阀，溶液电动调节阀等

采用无触点电子元件——固态继电器，代替老式中间继电器，运行可靠，无噪声，寿命长，减少了事故率，提高了机组使用寿命。

安全保护装置采用或门（74 系列）芯片进行检测放大信号，驱动执行机构动作，同时声光报警。该装置灵敏度高、反应迅速、运行可靠，有效地保护机组安全运行。

整机控制线路安装在三块印刷线路板上，出现控制故障时，只需对三块线路板检测，即可准确判断故障点，省工、省时，维修方便。该电控箱与蒸汽管道上的蒸汽电磁阀可组成自动安全保护装置，如不用蒸汽电磁阀可作一般电控箱用。

1. 主要技术参数

电源电压采用三相四线制 380V50Hz，制冷量调节范围 100%~200%；制冷量不同，使用的电控箱的型号也不同。4857kW 以下制冷机使用 115kW 型，7297kW 制冷机使用 174kW 型，9714kW 制冷机使用 230kW，电控箱总功率 5.4~14.2kW，电控箱总电流 26.4~50.9A，控制电压直流+5V。

2. 工作原理及结构

（1）电控箱组成。该电控箱控制由三部分组成：主回路、控制回路、安全保护执行机构。

①主回路。电压为380V，由三相空气开关（QFl）经交流接触器（$KM_1 \sim KM_4$）、热继电器（$FR_1 \sim FR_4$）连接发生器泵电动机（M_1）、吸收器泵电动机（M_2）、蒸发器泵电动机（M_3）、真空泵电动机（M_4）、三屏蔽泵串有电流表（$PA_1 \sim PA_3$）。

②控制回路。主要由三块电路板构成，电气原理如图8-18所示。分述如下：

a. 电源板。交流220V经变压器（TC）输出交流8V通过熔断器（FU），进入全桥（AB）整流，经电容（C_1、C_2）滤波，送入三端稳压器（7805）稳压，再经电容进行滤波，获得比较纯净的直流5V电源，供给指示灯板、固态继电器、按钮、报警系统等，其中送到按钮的一路经小型继电器（KA），按下板上复位键（SB），继电器（KA）吸合后方有电，以防止自锁按钮在闭合位置突然电启动各泵。

b. 固态继电器板。该板由交流固态继电器（$SSR_1 \sim SSR_7$）及压敏电阻（$RV_1 \sim RV_7$）构成。

交流固态继电器为新无触点开关，当控制端加直流3.2~14V正向电压，通过充电耦含接通输出端交流回路。压敏电阻可防止电路中感性元件在电流通断时产生瞬时高压击穿固态继电器。固态继电器$SSR_1 \sim SSR_4$控制端负极接直流电源负极，正极通过按钮接+5V，按钮的闭合和断开可控制固态继电器的通断，从而起、停各泵。固态继电器SSR_5，其正极接电磁阀（YV_1）的启动按钮（SB_5），负极接报警逻辑芯片的输出；无报警现象时，芯片输出为低电平（<0.7V），通过起、停按钮（SB_5）可开闭蒸汽汽电磁阀（YV_1），若有报警，逻辑电路输出为高电平（>3V），这时即使SB_5闭合，因固态继电器SSR_7控制警铃，其负极接DC地，正极接报警芯片的输出，报警时芯片输出高电平，固态继电器（SSR7）接通电铃。

c. 指示灯及报警处理。该极由12个指示灯（$V_{01} \sim V_{12}$）及两片单芯片（74LS32）等组成。指示灯（$V_{01} \sim V_{12}$）为发光二极管，各串一个限流电阻（$R_{01} \sim R_{12}$），V_{01}为电源指示灯，$V_{02} \sim V_{06}$分别为发生器泵（M_1）、吸收器泵（M_2）、蒸发器泵（M_3）、真空泵（M_4）、蒸汽电磁阀（YV_1）的运转指示灯，$V_{07} \sim V_{12}$为报警指示灯、冷水缺水差压控制器（SP_1）、冷却水断水差压控制器（SP_2）、高压发生器浓出液防晶温度控制器（ST_1）、低压发生器浓出液防晶温度控制器（ST_2）。蒸发器冷剂水防冻温度控制器（ST_3）及高压防爆压力控制器（SP_3）构成或逻辑，报警信号对地（DC）各接一较大电阻$R_{13} \sim R_{18}$，以保证正常情况下74LS32的输出均为低电平。当任一控制器动作，接通直流电源，相应指示灯亮，逻辑电路输出高电平，通过固态继电器关闭蒸汽电磁阀（YV_1），接通警铃（HA），报警时可按消音开关（SB_6）关掉声响。

③安全保护执行机构。在进口蒸汽管道上加装一只蒸汽电磁阀（交流22V，50Hz），使之与电控箱按电端子19连接，可起到自动安全保护作用。

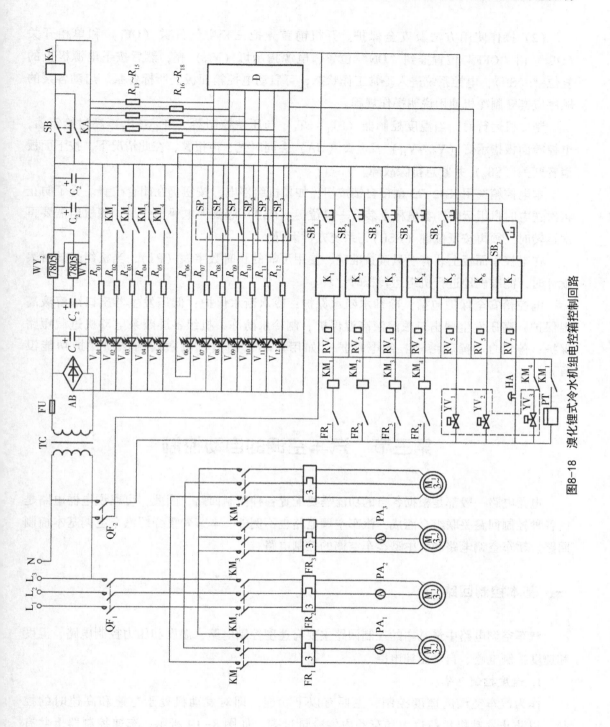

图8-18　溴化锂式冷水机组电控箱控制回路

（2）操作使用方法及安全保护。开机前首先把三相空气开关（QF_1）和单相开关（QF_2）由"OFF"位置推到"ON"位置，电源指示灯（V_{01}）亮，然后按下电源极上的复位键（SB），电控系统进入正常工作状态，可启动电控箱面板上所标各泵。启动各泵的顺序应遵守制冷机使用说明操作规程。

制冷机运行时，当温度控制器（$ST_1 \sim ST_3$）与压差控制器（$SP_1 \sim SP_2$）超过给定值，电控箱面板指示灯（$V_{01} \sim V_{11}$）及电铃（HA）会同时光、声报警，在此情况下，按下面板消音开关（SB_6）并紧急排除故障。

本电控箱选用 KD2-23 型带自锁按钮，如果机组停电，按钮仍在闭合位置。为了防止再次送电时机组运转，在电极上装有一复位键（RSB）起到停电保护作用，当机组需要再次运转时，须再按复位键（RSB），系统方可运行。

在电控箱面板上装有一只读数准确、使用可靠的积时数字表（PT），当机组运转时表就计时，能准确地进行机组运转积时记录。

电控箱安全保护包括：冷却水断水保护；冷水断水保护；低压发生器出口浓溶液高温保护；高压发生器出口浓溶液高温保护；制冷水防冻；机组各屏蔽泵电动机过载短路保护；停机自动稀释溶液；停电保护（如用户不采用蒸汽电磁阀则该项保护功能没有）。

第三节　汽车空调的自动控制

电器电路一般都是根据各自的功能需要配置各种控制回路，因此，可以说电器电路是由各种控制回路关联组合而成，汽车空调电路也不例外。本节着重介绍汽车空调基本控制回路、轿车空调电路和大中型客车空调的控制电路。

一、基本控制回路

汽车空调电路中最基本的控制回路主要有速度控制电路、温度和压力控制电路、温度和速度控制电路、自动温控电路。

1. 速度控制电路

作为汽车空调的速度控制，主要有以下功能，即对发动机处于怠速和高速时的控制，以防止发动机负荷过大和车厢内供冷量过剩。如图 8-19 所示，车速控制器上共有四个接头，通过导线分别与蒸发器、压缩机的电磁离合器、点火线圈负极以及搭铁负极相连。

图 8-20 所示为汽车空调速度自控继电器电气原理图。图中四个接头分别这样连接：

连接从蒸发器出来的电源正极线；与压缩机电磁离合器相连；与搭铁—电源负极线连接；接点火线圈负极接线柱。

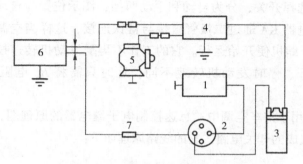

图8-19　车速控制器安装图

1—蓄电池　2—点火开关　3—点火线圈　4—车速控制器
5—压缩机-电磁离合器　6—蒸发器　7—电阻器

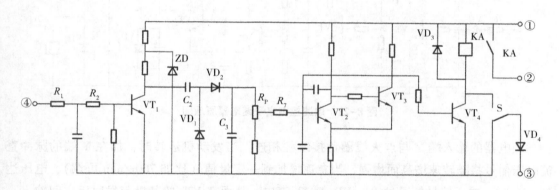

图8-20　速度自控继电器电气原理图

VD_1，VD_2—IN4148　VD_3，VD_4—IN4001　$VT_1 \sim VT_3$—9014　VT_4—9013　ZD—2CW15

系统运行时，电源电压先通过点火线圈低压绕组和 R_1，R_2 向 VT_1 提供一个正向偏压，又通过分电器触点的通断搭铁，使 VT_1 基极产生一个脉冲电流，这样 VT_1 的集电极便得到了一个经放大了的交流信号，该信号通过二极管 VD_1、VD_2 和电容器 C_3 滤波整流后，便在可调电阻 R_p 上产生一个上正下负的直流电压，而这个电压将随发动机的转速的变化而发生相应变化。VT_2 和 VT_3 组成一触发器，它触发的信号是经 R_7 在 R_p 上所取得。当调节 R_p 使发动机转速低于某一值时（如低于 $500 r/min$）VT_2 截止，VT_3 导通，这样使 VT_4 截止，继电器线圈 KA 中使无电流通过，动合触点 KA 断开，②接线端将无电压输出，压缩机离合器分离，这样压缩机便停止运转，反之，当这一电压超过触发器的翻转电压时，VT_2 导通，VT_3 截止，VT_4 导通，这样继电器线圈 KA 中因有电流通过而吸合，动合触点 KA 接通，这样电源电压通过动合触点 KA 和②接线至电磁离合器，离合器吸合，压缩机便开始工作。

由此可以看出，该速度自控继电器的功能就是为了实现压缩机运转随发动机转速变化的自动控制，这样便可以避免发动机处于怠速工况时，功率不足而产生熄火的故障。图中 S 为工作方式选择开关，分为自动和手动两挡，图示位置为自动工作态。当 S 至手动位置时，由于继电器 KA 通过二极管直接与搭铁连接，这样当空调系统一通电，动合触点 KA 就吸合，压缩机便开始运行。它的工作不再受发动机转速控制。由于继电器的回差现象，压缩机开、停时发动机转速不同，这时只需将 R_p 电阻调定，问题也就解决了。

图 8-21 所示为用于汽车空调中的怠速控制电子继电器的原理图，该电路是由三极管放大电路和继电器组成的开关电路。它的线路原理如下：

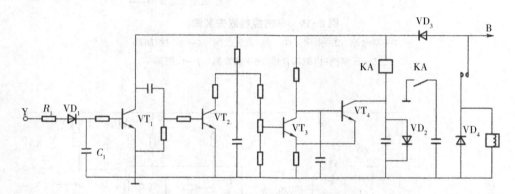

图 8-21　怠速控制电子继电器原理图

继电器的输入端 Y 与点火线圈负接线柱相连，当发动机运转时，加在 Y 端的脉冲直流电压信号将随转速增高而增强，当怠速增加到一定量值（比如 700r/min 可调），电压达到 10V 时，电压信号便通过 R_1、VD_1 对 C_1 充电，从而在 VT_1 的基极与发射极之间输入一个较强的信号，该信号促使 VT_1 导通。而它的导通使 VT_2 截止，VT_2 截止的结果导致 VT_3、VT_4 导通。这样电源电压使经线圈 KA 和 VT_4 至搭铁，使动合触点 KA 闭合，电流进入离合器使其吸合。反之，当怠速低于一定转速时，加在 Y 端的电压低至 8V 时，VT_4 截止，离合器便分离，使制冷系统停止工作。

2. 温度和压力控制电路

汽车空调温度的控制可以采用温控开关的形式进行控制。温控器中的温控开关的工作过程如图 8-22 所示。波纹管 2 和注满制冷剂 R12 或 CO_2 的毛细管 1 相连，毛细管感温元件设置在蒸发器冷气通过的位置，或置于蒸发器的尾管部分，当蒸发器的温度变化，毛细管中的 R12 或 CO_2 的温度亦随之发生变化，温度变化相应压力亦发生变化，随着温度的升高，压力也增大，该压力的增加，便推动波纹管处膜片运动，从而推动机械杠杆，使触点 7 闭合，使电磁离合器 9 线圈通电吸合，压缩机运行，制冷系统开始工作。当车厢内温度降至设定温度以下时，膜片收缩作反向运动，弹簧帮助其复位，带动杠杆绕支点逆时针旋转，触点 7 分离，电磁离合器 9 线圈断电分离，此时，压缩机停止运行，制冷系统亦停止工作。图示的轴 3、凸轮 4、调节弹簧 5、温度调节螺钉 6 均是温控器的调节元件，该装置属于机械式。

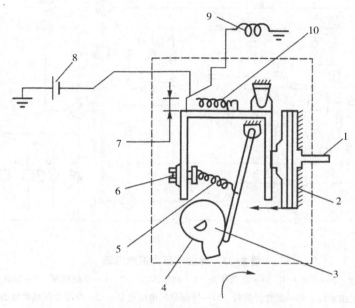

图 8-22　温度控制开关

1—毛细管　2—波纹管　3—轴　4—凸轮　5—调节弹簧
6—温度调节螺钉　7—触点　8—蓄电池　9—电磁离合器　10—调节弹簧

温度控制也可以采用电子式的方式来加以控制。图 8-23 所示便是一种典型的汽车空调的温度和压力控制电路。它的温控回路以如下方式运行：当空调开关开通后，蓄电池 1 的电压便经空调开关 $4 \rightarrow R_{13} \rightarrow R_1 \rightarrow R_3$ 加至 VT_1 的基极上，这样 VT_1 导通后，VT_2、VT_3、VT_4 亦导通，电流便由蓄电池 $1 \rightarrow$ 空调开关 $4 \rightarrow$ 电磁线圈 $6 \rightarrow VT_4 \rightarrow$ 接地，使触点 7 吸合，电磁离合器通电而吸合，压缩机运转。

当车厢内的制冷温度低于设定值时，热敏电阻值升高，这使 T_1 的基极电位降低，结果 VT_1、VT_2、VT_3、VT_4 均被截止，电磁线圈 6 中无电流，触点 7 分开，电磁离合器 8 触点分开，压缩机停止运行。

需要说明的是，热敏电阻 13 设置在蒸发器排出口侧，作为感温元件。而可变电阻 14 是作温度控制用，阻值变化，控制室内设定温度亦变化。

图 8-23 所示的压力控制回路按如下方式运行：④接点实际上并没有直接接在蓄电池正极板的引出线路上，而是在⑥接点与④接点间串联了一只高压压力开关 5，其目的是对压缩机运行中出现的异常升压进行监控和保护，即当这种异常出现的高压超过安全值时，开关触点 7 动作，切断⑥接点至④接点的电源线路，这便使放大器接点⑤没有电流输出，从而切断了电磁离合器线路，使压缩机停止运行。与此同时空调工况指示灯 9 熄灭，开始压力报警。

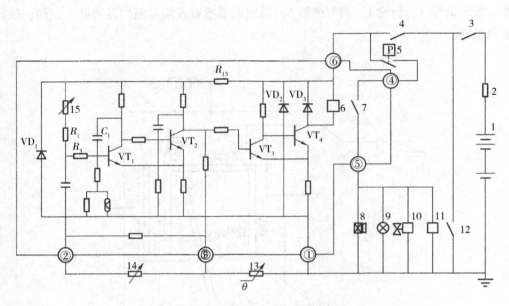

图 8-23   温度和压力控制电路

1—蓄电池   2—熔丝   3—点火开关   4—空调开关   5—高压压力开关   6—电磁线圈   7—触点   8—电磁离合器

9—空调工况指示灯   10—真空开关阀   11—冷凝器风扇继电器   12—冷凝器风扇继电器动合触点

13—热敏电阻   14—可变温度控制电阻器   ①~⑥—放大器接点

3. 温度和速度控制电路

汽车空调的温度和速度控制电路的特点表现在只有发动机在某一转速以上时，压缩机电路才能接通，从而达到温度、速度控制的目的。由于是电子调节，所以调节的温度更准确。

图 8-24 所示为温度和速度控制复合电路，其按下述方式运行。

当鼓风机 M、冷气开关 S 和调速矸关 SA 接通后，温控电路便处于工作状态，使 $VT_1 \downarrow \rightarrow VT_2 \downarrow \rightarrow VT_3 \uparrow$，继电器 KA_1 接通，指示灯 HL_2 接通，速度控制电路进入准备工作状态，当发动机处于工作转速以上（四缸机为 800~1500r/min，六缸机为 530~1000r/min）时，速控电路开始运行。图中 R_{P1} 是温度调节电位器，用来设定温度。R_{P2} 为速度接触电位器，以设定进入工作态的转速。C_3 为积分电位器，它的量值同样决定电路进入工作状态的转速。其工作过程如下：

当 $VT_5 \uparrow \rightarrow VT_6 \downarrow \rightarrow VT_7$，继电器 KA_2 接通，压缩机离合器电器 M_1，整个空调制冷系统运行。

上述电路，在怠速时采用自动加速装置。它是由真空管、真空电磁阀、真空箱、加速拉杆等组成。如图 8-25 所示，其电流方向为：

继电器 KA 动作→电流经恒温开关 3→压力开关 4→$\begin{bmatrix} \text{压缩机电磁离合器5} \\ \text{真空电磁阀6} \end{bmatrix}$→搭铁

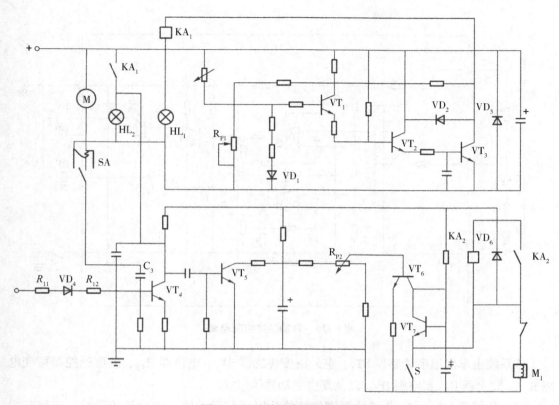

图 8-24 速控及电子恒温电路

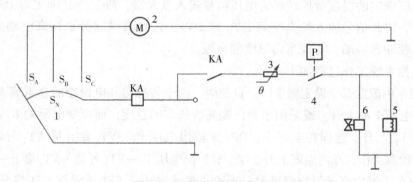

图 8-25 自动加速装置电路

1—鼓风开关和鼓风电阻 2—鼓风电动机 3—恒温开关

4—压力开关 5—压缩机电磁离合器 6—真空电磁阀

在这个过程中，真空箱因真空的作用而将加速拉杆运动加大油门，使发动机正常工作，图中 1 为鼓风开关和鼓风电阻，2 为鼓风电动机。

4. 自动温控电路

汽车空调的自动温控电路的特点是该系统能根据选定的温度范围自动调节车厢内的温度。如图 8-26 所示，自动温控电路运行原理如下。

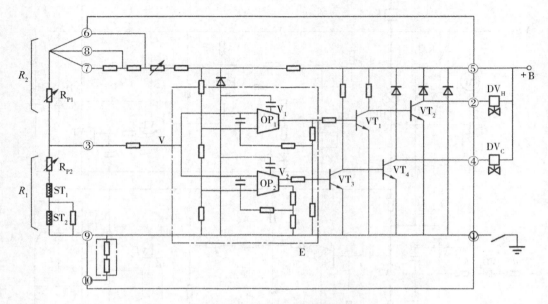

图 8-26　自动温度控制电路

该系统由车内温度传感器 ST_1、室外温度传感器 ST_2、电位器 R_{P2}、温度选控器可变电阻 R_{P1}、放大器 E、真空阀 DV_H 以及真空驱动器等组成。

当由传感器 ST_1、ST_2 获得的温度值转换为电压信号，输入放大器的同时，亦将车内温度选控器所选定的温度量值转换为电压信号输入放大器，放大器 E 随之对上述电压信号进行比较后，将此信号输入给真空阀 DV_H 或 DV_C。这样真空阀分别用真空动力驱动自控系统的真空驱动器转动，实现车内温度的自控。

温度自控系统工作过程如下。

（1）当车内温度低于设定温度时。自控时，两个传感器和电位器的总阻值 R_1 增大，放大器输入的电压 V 亦上升。或采用手动，提高所选定的温度，使可变电阻的 R_2 减小，使放大器酌电压 V_1 上升。这样在电路中，OP_1 无输出电压 $V_1 \rightarrow VT_1$ 截止叶 VT_2 导通 $\rightarrow DV_H$ 导通 $\rightarrow$ 真空驱动器动作，车内温度上升。OP_2 有输出电压 $V_2 \rightarrow VT_3$ 导通 $\rightarrow VT_4$ 截止 $\rightarrow DV_C$ 截止。

（2）当车内温度高于设定温度时。无论自控或手动，工作过程与上述情况相反。OP_1 输出电压 $V_1 \rightarrow VT_1$ 导通 $\rightarrow VT_2$ 截止 $\rightarrow DV_H$ 截止。OP_2 无输出电压 $V_2 \rightarrow VT_3$ 截止 $\rightarrow VT_4$ 导通 $\rightarrow DV_C$ 导通 $\rightarrow$ 真空驱动器动作，车内温度下降。

5. 加热除霜电路和换气风扇电路

当车厢内玻璃上有霜或雾时，除上述的采用加热器的热风吹向玻璃除霜或雾外，还可以采用电加热的方法除霜或雾。

在冬季，前挡风玻璃可用暖风机除霜或雾，而后窗有时候暖风吹不到，这时便只有采用电热丝加热玻璃的方法除霜了。如图 8-27 所示为除霜的加热电路及其运行方式。

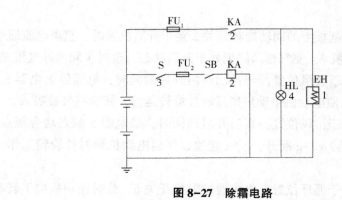

图 8-27　除霜电路
1—加热器　2—继电器　3—点火开关　4—警告灯

加热器 1 由开关 SB 通过继电器 2 控制，SB 接通时，加热器 1 通电，警告灯 4 亮，以提醒停车后关闭，3 为点火开关。

汽车空调的换气风扇用来作车内换气，被广泛用于各种空调旅游车，它装置于车顶，可用来取代蓬顶风窗，它除了具备降温功能外，还具有排除浊气、吸入新鲜气的换气功能，即它具有自动通风、吸风、排风、循环的四种功能，用以保证车厢内的空气新鲜温度适宜，满足乘客的舒适性要求。

图 8-28 所示为换气风扇电路图。运行原理如下。

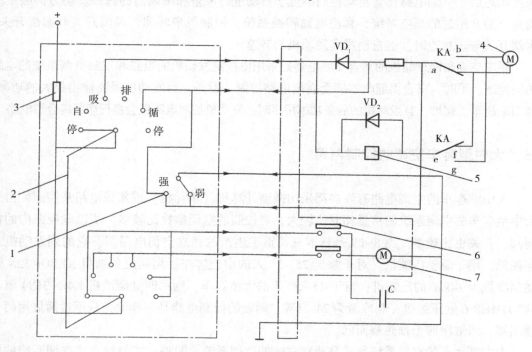

图 8-28　电动换气风扇电路
1—开关　2—同轴旋转开关　3—电阻　4—风扇电动机　5—继电器
6—限位开关　7—气窗举升电动机

（1）自动通风。当控制板上的同轴旋转开关2置于开启位置时，直流电流通过限位开关6被送至气窗举升电动机7，使气窗阀门仍处于开启状态，这时车厢内外气流畅通。

（2）吸风。开关2置于吸风位置，与自动阀门开启的同时，电流经继电器5的线圈，使触点KA的a、b闭合，使电动机带动风扇反时针旋转运行，新鲜空气被吸入。

（3）排风。开关2置于排风位置，阀门开启的同时，继电器5触点动合触点a、b分开，a、c接通，而动断触点e、g断开，e、f接通，风扇电动机顺时针旋转工作，此时车厢内污浊空气被排除。

（4）循环。开关2置于循环位置，电流通过限位开关6，此时连动板向下转动，使气窗阀门闭合。此时风扇作反时针旋转，使车内空气强制循环。

另外，这种装置还设置有强、弱两挡。即当拨动开关置于强挡时，电流不经过电阻3，而直接通风电动机，这样风扇转速加快；反之，当置于弱挡时，电流经过电阻3后，再接通风电动机，转速减慢，风量减小，变得柔和。

二、轿车空调电路

轿车空调电路的特点是由集成块组成的空调放大器和控制开关协同控制，当进入人工选择状态后，空调电路便会自动控制温度、自动进行风量和出风门的选择。动力伺服系统均为以前介绍过的真空系统，真空电磁转换系统，控制风扇转速、风门开关和温度开关，水阀开关等。怠速时，能自动提高发动机的转速。

轿车空调制冷压缩机的离合器继电器是采用由控制发动机的电路和控制空调系统的电路协同控制。平时，离合器继电器接受空调电路控制，但是，当发动机需要输出最大的功率，如用来超车、爬坡，且发动机的后备功率用尽时，发动机控制电路便会自行切断离合器电路。

三、大中型客车空调的控制电路

大中型客车的空调电路有许多都采用微型计算机（单片机）或集成电路来控制。由于大中型客车的空调系统制冷量相对比较大，需控制的空调参数比较多，所以电控图内的控制阀、开关也比较多。图8-29是日本三菱重工生产的独立空调电路图。它的副发动机是柴油机，用于驱动压缩机。对于乘坐25~35人的中型客车，用两缸柴油机KEBO-32N带动制冷量为14kW的压缩机；对于45~55人的大型客车，则用四缸柴油机K4C-3IN4驱动4F304MHB 6缸压缩机，制冷量为24.5kW。两者的控制电路是一样的，只不过两缸用两个预热塞，四缸用四个预热塞而已。

大中型客车的空调系统通常是非独立式的空调系统，非独立式与独立式空调系统的控制方式是完全不同的。因为独立式的操作和安全保护都是以控制副发动机的电路来实现，非独立式是采用控制压缩机的方法来实现。

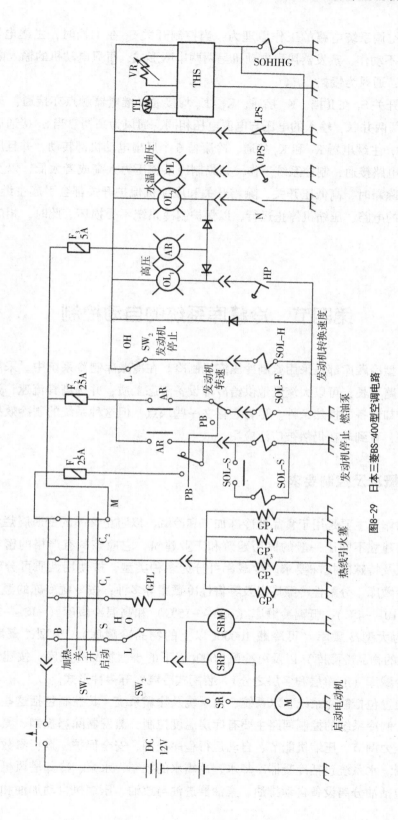

图8-29　日本三菱BS-400型空调电路

非独立式空调系统电路的工作原理为：当控制开关 S_1 在 1 挡时，主继电器 K_1 便接通、$K_3 \sim K_8$ 均不动作，蒸发器风扇电动机呈两两串联形式，每只电动机的输入电压只有电源电压的一半，通风为慢挡。

如果控制开关 S_1 在 II 挡，K_1 接通，$K_3 \sim K_8$ 均接通，继电器触点亦接通，蒸发器风扇电动机 VD 呈两两并联，输入的电压与电源电压相同，通风为高挡。当 S_1 接通后，再接通 S_2 于空调挡时，主继电器 K_2 和 K_9 接通，冷凝器 6 个风扇电动机都转动，并且压缩机的电磁离合器 MK 电路接通，制冷系统工作。如果制冷系统压力太高或者太低，以及压缩机过载和对蒸发器除霜时，高低压开关、除霜开关和压缩机保护开关都会引起主继电器 K_9 断开离合器 MK 的电路，压缩机停止运行，以保护制冷系统不受损坏。此时，相应的故障报警灯也亮了。

第四节　冷藏库系统的自动控制

一般大中型冷藏库都是采用氨制冷压缩机制冷。在冷藏库制冷系统中，采用氨泵供液可以使供液回路更长，可以大流量地供给冷却设备液态工质，并提高其流速，这样，就会极大地改善冷却设备的换热条件。尽管它存在一些缺点，但这种系统的制冷效果却相当令人满意，因此，直到现在仍然被广泛应用。

一、冷藏库概况及控制要求

冷藏库的作用主要是用于食品的冷冻加工和冷藏，以防止食品的变质腐烂和霉变。因此，冷藏库的建立不同于一般的民用建筑和工业建筑，它应该具有严格的密封性、隔热性、坚固性以及特殊的抗冻要求。冷藏库可分为多种类型，按使用性质可分综合性冷藏库、生产性冷藏库、分配性冷藏库以及零售性冷藏库等多种；按冷藏冷冻的温度要求又可分为冰库（$-10 \sim -4$℃）、低温冷藏库（$-23 \sim -15$℃）和高温冷藏库（$-12 \sim -2$℃）；按冷藏容量可分为大型冷藏库（可冷藏 10000t 以上的物品冷藏库）、中型冷藏库（可冷藏 1000 ~ 10000t 的物品冷藏库）以及可冷藏 1000t 以下的小型物品冷藏库；按建筑的结构又可分为土建冷藏库（有单层和多层之分）、装配式冷藏库等多种形式。

冷藏库装置包括制冷系统、水系统、油系统及除霜系统，其控制包括这些系统所涉及的自控回路。制冷系统的控制回路主要有库房温度控制、蒸发器除霜控制、氨泵供液回路控制、冷凝压力调节、压缩机能节、自动运行程序控制、安全保护、运行参数检测，特别是库温的遥测。水系统包括冷凝器冷却水、冲霜水的控制、水泵、冷却塔风机的控制和保护。油系统包括油分离设备自动排油、集油器进油与放油、压缩机自动加油和排油以及油处理系统的自动控制等。

二、制冷系统自动控制分析

图8-30是单级氨制冷及控制系统图。系统主要配置情况：主机为4台氨压缩机（图中简化用1台代表）；冷凝器为水冷式；蒸发器采用绕片管结构，用氨泵供液，制冷强制再循环方式。

（一）冷藏库自动控制要点

（1）库房温度控制。每个库有温度控制器控制本库蒸发器供液管通、断和蒸发器风机的运行或停止，实行库温的双位调节。由于是大型装置，管道流通能力大，控制阀广泛采用导阀与主阀组合的形式。这里，蒸发器进液管和回气管上均使用了电磁主阀（电磁导阀与主阀组合）。库房温度降至设定值的下限时，两个电磁主阀同时关闭，停止向蒸发器供液。库房温度回升到上限值时，进液电磁主阀与回气电磁主阀重新接通，蒸发器恢复制冷。

（2）蒸发器除霜控制。氨冷库蒸发器广泛采用热气除霜或者热气除霜与水冲霜相结合的除霜方式。本例是冷风机型蒸发器，采用热气与冲水相结合的方式除霜。除霜时，停止蒸发器的制冷作用，将压缩机排出的热氨气通入蒸发器管内，管外再辅以水冲霜。利用排气的显热和凝结潜热以及水的热焓，使蒸发器表面霜层熔化，并被冲落到接水盘中（图8-30中未示出水冲霜系统）。蒸发器管内凝结的氨液经排液阀流入排液桶，排液桶收集氨液至一定的液位高度时，打开排液桶上的加压阀，使系统的高压气进入排液桶，用"气泵液"的方式将排液桶中的氨液压回低压储液器。该过程可以用手动控制，也可以自动控制。用自动控制时，图中的阀门改用电磁阀。

除霜控制为程序控制，自动发出除霜开始信号，接着按程序执行一定的自动操作，使蒸发器由制冷状态切换到除霜状态。待除霜过程持续到霜已化完，自动发出停止除霜的信号，再按程序执行一定的自动操作，使蒸发器由除霜状态切换回制冷状态。

除霜控制程序为：开始除霜的信号发出后，①关闭供液电磁主阀，延时一段时间（待蒸发器中的氨液抽空后）关闭回汽电磁主阀，风机断电。打开热氨电磁主阀和排液电磁主阀。该状态保持一段时间（待管内因热氨加热作用使蒸发器表面的霜层与管外壁脱离）；②打开冲霜水电磁阀，向蒸发器表面淋水，将霜冲落，冲水持续一段时间；③冲霜水电磁阀关闭，状态①继续保持一段时间，待管外水滴净，并受管内热氨作用而蒸干。至此，除霜完成。停止除霜的信号发出后，关闭热氨电磁主阀和排液电磁主阀。打开供液电磁主阀和回汽电磁主阀，风机通电运行。于是，蒸发器重新切换回到制冷状态。

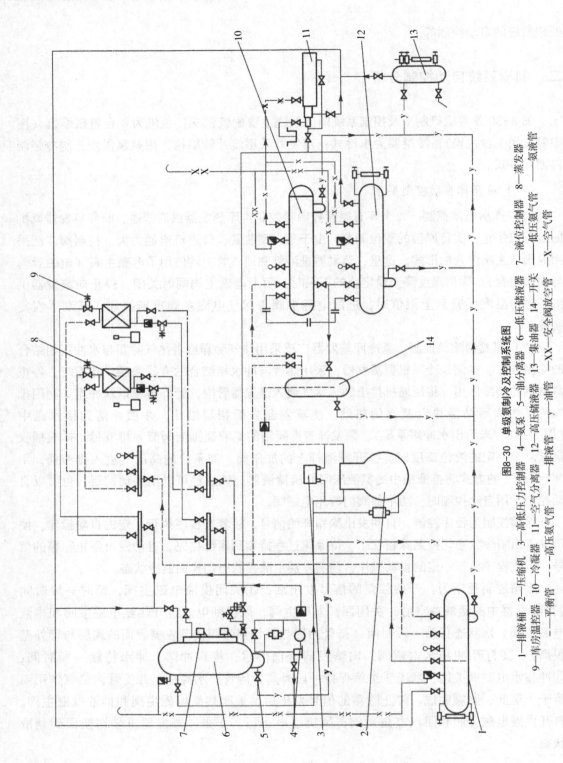

图8-30　单级氨制冷及控制系统图

1—排液桶　2—压缩机　3—高低压力控制器　4—氨泵　5—油分离器　6—低压储液器　7—液位控制器　8—蒸发器
9—库房温控器　10—冷凝器　11—空气分离器　12—高压储液器　13—集油器　14—开关
—·—平衡管　---高压氨气管　—··—油管　—·—排液管　—低压氨气管　—氨液管
—y—安全阀放空管　—X—空气管　—XX—油管

冷库蒸发器除霜采用国产 TDS-04 型、TDS-05 型程序控制器。TDS-04 型为定时除霜控制。除霜周期和除霜持续时间可以在控制器上事先调定，每天在设定的时间发出开始除霜信号，经过设定的除霜持续时间后，发出停止除霜的信号。各阶段执行如上所说的程序控制。TDS-05 型为指令除霜控制，它接受手动或自动电气指令使除霜开始与终止。采用自动电气指令时，可以与微压差控制器配合使用。微压差控制器根据冷风机进出口风压差的变化，发出电气通、断信号。冷风机结霜严重时，其进出口风的压差增大，电触点闭合，向 TDS-05 发出开始除霜的电气指令。除霜完成后，冷风机风阻减小，压差减小，使微压差控制器的电触点断开，向 TDS-05 发出停止除霜的电气指令。电气指令发出后，TDS-05所进行的程序控制同前。

（3）泵供液系统的控制。本冷库为大型制冷装置，与小型装置不同之处在于蒸发器采用液体再循环的所谓湿式蒸发器，而不是直接膨胀的干式蒸发器。

直接膨胀的干式蒸发器虽然可以使系统简单，但因节流后无分离设备，闪发蒸汽连同液体一道进入蒸发器，传热表面的润湿度较低，蒸发器传热效果差。对并联多路的蒸发器也难以保证液体分配均匀。本装置在蒸发器与节流件之间安装低压储液器。高压氨液节流后先进入低压储液器，闪发蒸汽在这里分离，从低压储液器下部引纯液体送入蒸发器。制冷剂在蒸发器中吸热蒸发后仍返回低压储液器，再在其中分离汽、液。气体由低压储液器上部引回压缩机，采用泵供液强制再循环。氨泵供液循环对低压储液器与蒸发器的相对安装位置没有要求，而且循环倍率大，蒸发器供液量数倍于蒸发量，管内氨液流速高，不仅管内壁充分润湿，过量液体还起到冲刷管内壁油膜的作用，有助于提高蒸发器的换热强度。

图 8-30 中的氨泵供液系统包括低压储液器和氨液泵。该系统的控制有低压储液器的液位控制和氨泵控制。低压储液器设超高液位报警和正常液位控制。液位超高时，低压储液器液面上部没有足够的空间，影响汽液分离效果，导致压缩机故障。所以，这时液位控制器发出报警信号并令压缩机故障性停机。

本例采用低压储液器为立式储液器，正常液位控制在高度的 35% 处。用液位控制器和储液器的进液电磁主阀控制正常液位。当液位到正常值的上限时，液位控制器使进液电磁主阀关闭，停止进液；当液位到正常值的下限时，液位控制器使进液电磁主阀打开，向储液器输液。从而将液位控制在正常值的上、下限之间。

液位的双位控制中，进液电磁阀周期性动作。为了保证正确地实现控制，进液流量的调整是很重要的。进液电磁阀在上限液位时关闭，在下限液位时打开。若无论其打开还是关闭时，冷库的降温过程仍在继续，那么，阀关闭时液位上升，阀打开时液位下降。设供液电磁阀打开时的进液量（质量流量）为 q_{m2}，氨液蒸发制冷的质量流量为 q_{m1}：

$$q_{m1} = \frac{Q_0}{q_0} \tag{8-1}$$

式中：Q_0——制冷量，kW；

　　q_0——氨的单位质量制冷量，kJ/kg。

设电磁阀关闭停止进液的时间间隔为 $\Delta t_{送}$，则阀关闭期间低压储液器液位的下降量 ΔH_1 为：

$$\Delta H_1 = \frac{\Delta t_{送} q_{m2}}{S\rho} \qquad (8-2)$$

式中：S——低压储液器的内部横截面积，m^2；

ρ——氨液的密度，kg/m^3。

设电磁阀打开向低压储液器进液的时间间隔为 $\Delta t_{开}$，则阀打开期间低压储液器液位的上升量 ΔH_2 为：

$$\Delta H_2 = \frac{\Delta t_{开}(q_{m1} - q_{m2})}{S\rho} \qquad (8-3)$$

通常取电磁阀开、闭时间相等，即 $\Delta t_{开} = \Delta t_{送}$，允许液位的上升高度与下降高度相等，即 $\Delta H_2 = \Delta H_1$，故

$$q_{m1} = 2q_{m2} \qquad (8-4)$$

由此可见，在泵供液系统中，低压储液器的进液流量必须大于液体蒸发的流量，才能实现控制。若进液流量 q_{m1} 过大，会使补充加液时间过短；若进液流量 q_{m1} 过小（接近或等于蒸发的流量 q_{m2}），则电磁阀打开时间过长，甚至一直打开。这显然对电磁阀的工作都是不合适的。为了便于调节进液量［以满足式（8-4）的流量分配］，在进液电磁主阀后增设一只手动调节阀，通过手动调节，使电磁主阀开、停比合适。

液位控制器的差动范围：对于立式低压储液器一般取 60mm，对于高压卧式储液器，取 40mm。手动调节阀调整低压储液器补充加液时间为 30~60min。

氨泵的正常运行控制为：只要有库房需要降温，氨泵就启动运行；各库都停止制冷时，氨泵停止运行。

设置泵压差保护。在泵启动后 15s 内，如果压差达到指定值，转入正常运行。如果 15s 后压差仍达不到指定值，停泵。停泵 1min 后，再次加压启动：打开加压阀，使高压气进入低压储液器，对低压储液器加压，同时启动氨泵。加压 15s，关闭加压阀。若泵在 15s 内压差能够建立启来，加压启动成功，氨泵转入正常运行；若 15s 内压差仍达不到指定值，说明加压启动亦失败，判作故障。这时，停泵、报警，并使压缩机停机。运转中，若因故障致使泵压差不足，也使氨泵停止运行。氨泵出口安装止回阀，防止停泵时氨液倒流。

低压储液器的饱和液经下部引出管到氨泵入口，该管段上设有过滤网。由于过滤网的阻力和管道传热等原因，很容易引起氨液出现闪蒸现象。泵入口带气会造成气蚀损坏，故在氨泵入口管上部接一根引气管，连到压缩机吸气管上，将进泵前液体中可能出现的气体引入压缩机。

另外，当装置负荷下降、需要降温的库房数目减少时，蒸发器的供液电磁主阀相继有一些处于关闭状态。这时泵的排出通路减少，会造成泵的排出压力升高，排出压力升高又使仍需降温的库房蒸发温度提高，影响库房降温。为了消除这种影响，在氨泵排出管到低

压储液器之间接一根旁通管，旁通管上安装旁通阀，当泵排出压力升高时，旁通阀自动打开，使一部分排出液体溢流回储液器，保证即使只剩下最后一个库房降温时，其蒸发压力也不会升高。

（4）冷凝压力调节。对于本例而言，制冷剂在循环系统中冷凝时放出的热量，一方面使冷却水的温度升高，以显热的形式带走部分热量；另一方面是充分利用水的潜热，让水在空气中蒸发，冷却空气，使冷凝器的温度与周围环境的空气温度的温差提高，从而提高散热效果。

用调节冷却水流量的方法控制冷凝压力。本例冷却水系统设三台水泵并联送水，如图8-31所示。

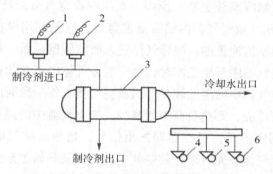

图 8-31 用调节水泵运行台数控制冷凝压力
1、2—压力控制器 3—冷凝器 4、5、6—水泵

通过三台泵的启、停控制，调节冷凝压力。第一台水泵受库房温度控制器控制，只要任意一个库房需要降温，其温控器便使第一台泵运行，另外两台水泵受冷凝压力控制，用两只压力控制器各控制一台泵的启、停。控制值如表8-2所示。

表 8-2 压力控制器

控制参数		第二台水泵	第三台水泵
冷凝压力 7MPa（表压力）	上限接通值	1.26（35℃）	1.37（38℃）
	下限断开值	1.10（31℃）	1.23（34.5℃）

（5）压缩机能量调节。本例中冷库配备四台氨压缩机，分别是：Ⅰ号机，412.5A，Ⅱ号机，812.5A；Ⅲ号机，812.5A，Ⅳ号机，812.5A。其中Ⅰ、Ⅳ号机没有卸载机构，Ⅱ、Ⅲ号机有卸载机构，均采用位式能量调节，按需要划分能级。最粗的能级划分为4级（Ⅰ、Ⅱ、Ⅲ、Ⅳ号机依次整机投入运行，能级为1/6、1/2、5/6和1）。如果再对Ⅱ、Ⅲ号机实行单机能量调节（气缸卸载），则能级分得更细。最低能级受库房温度控制运行，只要有一个库要求降温，温度控制器发出开机信号，压缩机就以最低能级启动运行。如果最低能级是一台自身无卸载机构的整机，则压缩机卸载启动后以最低能级运行。以后各级能量

的递增和递减视吸气压力变化，采用低压控制器控制。至于整机卸载启动的方法，则是在压缩机通电前，先令其吸、排气旁通，压力差消失，于是压缩机可以不带负荷启动，避免启动时冲击电流过大。电动机启动后，切断旁通管，逐渐建立起压差，压缩机转入正常运行。

（6）安全保护。压缩机设高、低压力保护、油压差保护，压缩机电动机有过载保护，这些与前面几例无区别。另外，氨压缩机为了避免排气温度过高，在气缸头上设有冷却水套。压缩机必须在水套冷却水接通后才能启动，并在水套断水时停机。用"714 晶体管水流继电器"作压缩机断水报警和保护。断水时，继电器能立即报警，并延时使压缩机停机。

低压储液器、排液桶、冷凝器和高压储液器这些压力容器还各安装了安全阀，对容器起超压保护作用。容器超压时，安全阀打开，向大气排氨卸压。对于氨制冷系统，不凝性气体存在的危害性比氟制冷系统更甚，所以，系统中设空气分离器自动排除不凝性气体，控制系统如图 8-32 所示。放空气器内装有蒸发盘管，它是利用设在回气管道上的氨用热力膨胀阀的感温包来控制进液量的。混合气体进入放空气器以后，氨气被冷凝成氨液，回流至储液桶中。当放空气器刚开始工作时，由于混合气体中所含的氨蒸汽将释放潜热而冷凝，热负荷较大，放空气器中的温度较高。当放空气器工作一段时间后，混合气体中氨蒸汽逐渐减少，空气不断冷凝，则热负荷不断减少，放空气器中的温度就不断下降，当温度下降到温度控制器的调定值时，温控器即发出信号，指令放空气电磁阀打开，开始放空气。空气放出后，混合气体补充进来，放空气器内温度又开始逐渐升高，温控器又发出指令信号，使放空气电磁阀关闭，如此不断反复进行，不断将不冷凝气体排出，以便使电磁阀与压缩机联动，从而实现当压缩机开机时，放空气器开始工作。

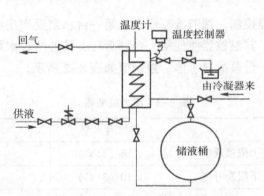

图 8-32　氨系统自动放空气的自动控制

其他保护还有水系统的水泵压差保护及水池液位保护，其控制方法与氨泵系统中的泵压差和液位控制方法类似。

（7）自动运行程序。综合以上所述，装置工作时，压缩机的自动运行程序如图 8-33 所示。

（8）库房温度巡回检测。各库房温度用铂电阻发信，采用温度巡回检测仪，在控制台上巡回遥测显示库内温度。

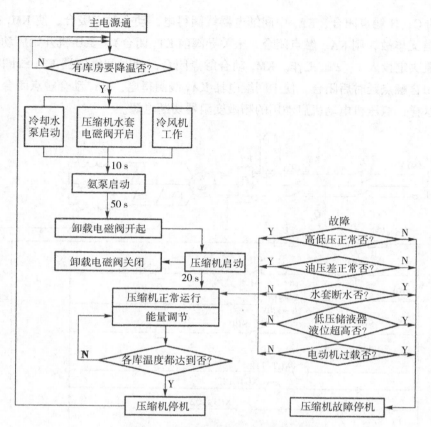

图8-33 压缩机的自动运行程序框图

（二）典型冷藏库自控线路

图8-34为冷藏库自动控制线路展开图一，图8-35为线路展开图二。两线路图中各电器元件的文字符号是重新编排的，图8-34中的KA_1、KA_2……与图8-35中的KA_1、KA_2……不是同一继电器，而是单独存在的。下面按投入自动运行前的准备、开机、运行和停机四个阶段加以分析说明。

1. 投入自动运行前的准备阶段

投入自动运行前先按下SBT_3启动按钮，使失压保护继电器KA_1线圈得电并自锁，并给各种测量仪表供电。仔细观察各种指示仪表指示值是否正常，观察的指示值包括冷媒介质温度、冷却水压力、油温、高压排气温度、水流（是否流动）、油位、轴承温度等内容。观察各手动阀门的位置是否符合自动运行要求，例如与自动调节阀门并联的调节阀门应关闭等。在上述工作完毕后，压下SBT_2按钮使中间继电器KA_3线圈得电，通过它的动合触点给自动调节做好准备。

2. 开机阶段

当制冷系统送来交流220V需冷信号L后（图8-34），时间继电器KT_1线圈得电，其动合延时闭合触点经延时后闭合。如此时蒸发器中冷媒介质温度等于或高于8℃，XCT–

112 仪表的 C、H 触点闭合，KA_4 中间继电器线圈得电，动合触点吸合，使 KM_1 接触器得电（此时若无事故，则 KA_{10} 触点闭合，未关导阀前 KT_3 闭合），氨压机开始启动，并由氨压机的构造决定投入 1、2 缸工作。KM_1 动合触点闭合，使时间继电器 KT_5 线圈得电，其动合延时闭合触点延时后闭合，使中间继电器 KA_2 线圈得电，KA_2 动合触点闭合，KM_2 线圈得电。这样，氨压机电动机启动用的频敏变阻器切断电源。

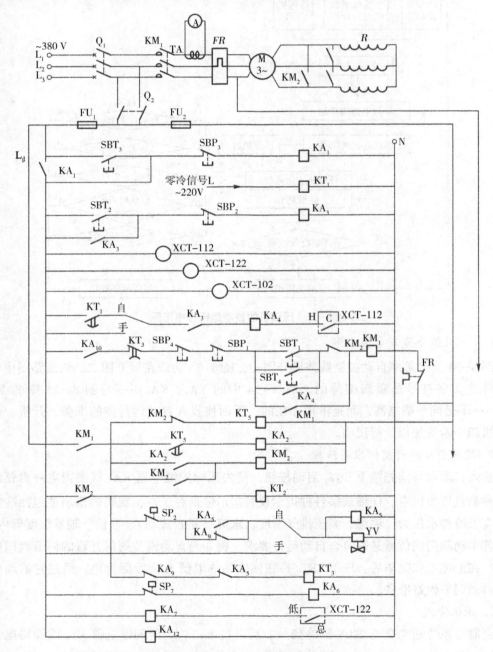

图 8-34 制冷系统自动控制线路展开图一

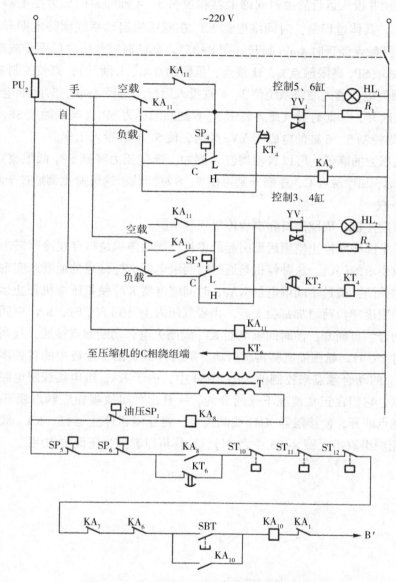

图 8-35 制冷系统自动控制线路展开图二

从氨压机开始启动起，时间继电器 KT 就开始计时，在整定的 18s 内动断延时断开触点断开。如此时润滑系统油压差未能升到油压差继电器 SP_1 整定值，则 SP_1 触点不闭合，中间继电器 KA_8 线圈失电，KA_8 的动合触点不闭合，事故继电器 KA_{10} 线圈失电，则氨压机不能启动，处于事故状态。如果润滑系统正常，则在 18s 内油压差继电器 SP_1 触点闭合，继电器 KA_8 线圈有电，动合触点闭合，使氨压机正常启动。

3. 运行阶段

氨压机启动并投入运行后由时间继电器和控制 3、4 缸卸载的压力继电器 SP_3 来决定 3、4 缸的工作。具体过程是：时间继电器 KT_2 在氨压机启动后线圈得电即开始计时，它的动断延时断开触点经延时 4min 断开（图 8-35）。如此时吸气压力仍等于或高于 3、4 缸的卸载压力 SP_3（SP_3 高限触点 C、H 接通，低限触点 C、L 断开），则使控制 3、4 缸的电磁阀 YV_2 线圈失电，通过油路系统使 3、4 缸投入运行。再经 4min，时间继电器 KT_4 动断延时断开触点断开，如此时吸气压力高于 5、6 缸卸载压力 SP_4（高限触点 SP_4 接通，低限触点断开），则控制 5、6 缸的电磁阀 YV_1 失电，使 5、6 缸投入工作。

随着吸气压力的降低，可以自动调缸。例如，吸气压力降到 SP_4 低限整定值时，SP_4 触点 C、L 接通，SP_4 触点 C、H 断开则可使 5、6 缸卸载，这可避免调缸过于频繁。

4. 停机阶段

停机分长期停机、周期停机和事故停机三种情况。

长期停机是因冷库停止使用后而引起的停机。周期停机是指存在冷库需冷信号的情况下为适应负载要求的停机。这种停机是通过时间继电器 KT_3 触点的通断来实现的。如随着导阀、主阀的关闭，通过中间继电器 KA_5、时间继电器 KT_3 使氨压缩机停止运行，吸气压力和冷媒介质温度随负荷增加都会上升。当吸气压力上升到 SP_4 时，KA_9 中间继电器线圈失电，它的动合触点断开，使时间继电器 KT_3 线圈失电，动断触点接通，且当冷媒介质温度等于或超过 8℃ 时，氨压缩机将再次启动。事故停机是由于运行中的各种事故，通过事故继电器 KA_{10} 的动合触点来控制的，图 8-34 中，由于 KA_{10} 继电器线圈电路串联各种事故继电器触点，它们在正常情况下是闭合的，一旦出现事故则相应触点断开，KA_{10} 线圈失电，动合触点断开，使接触器 KM_1 线圈失电，氨压缩机停止运行。KA_{10} 线圈的供电由氨压缩机 B 相绕组取得（图 8-35 中之 B'），这样可以起到失压保护作用。

参考文献

[1] 刘俊鹏. 暖通空调自动控制系统的现状 [J]. 江西建材, 2017 (3): 12.

[2] 陈金周, 冯小军, 韩强, 等. 一种电子开关温升试验实时监测与自动控制系统 [J]. 家电科技, 2017 (1): 44-46.

[3] 宇喜福. 容易被忽视的自动控制系统抗干扰措施 [J]. 柳钢科技, 2017 (1): 33-35, 38.

[4] 王熙雏, 范宏, 张淑红. 一种自动控制的压缩机系统 [J]. 机床与液压, 2017 (4): 33-36.

[5] 张红亮. 变频器中 PLC 自动控制技术的运用探析 [J]. 电子测试, 2017 (4): 72+74.

[6] 刘晓宇. 电气自动控制系统的功能的探讨 [J]. 绿色环保建材, 2017 (6): 191.

[7] 唐兴亮, 唐中华. 空调系统节能运行自动控制的应用研究 [J]. 制冷与空调 (四川), 2015, 06: 724-728.

[8] 吴海峰. 空调系统夏季集中运行调节及自动控制方法研究 [D]. 太原: 太原理工大学, 2015.

[9] 王源. 暖通空调自动控制综合系统的研制 [D]. 苏州: 苏州科技学院, 2015.

[10] 林佑. 汽车空调制冷系统控制电路研究 [J]. 科技创新与应用, 2017 (17): 124.

[11] 熊从贵, 何静. 以风险分级分析氨制冷压力管道的安全性 [J]. 安全, 2017 (6): 11-14.

[12] 辛颖. 太阳能制冷空调研究现状及比较 [J]. 通讯世界, 2017 (11): 298.

[13] 顾仁碗, 焦毅. 浅析民用飞机空调制冷技术 [J]. 科技与创新, 2017 (11): 23-24.

[14] 武卫东, 贾松染, 吴俊, 等. 以降压为目的的 CO_2 混合工质制冷系统研究进展 [J]. 化工进展, 2017 (6): 1969-1976.

[15] 孙正金, 王金良. 制冷剂过冷在相变压缩制冷中的节能应用 [J]. 化工管理, 2017 (16): 137-138.

[16] 高峰, 朱德润, 潘晓燕. 小流量离心制冷压缩机级内流动的 CFD 分析 [J]. 流体机械, 2017 (5): 78-82, 57.

[17] 杨立然, 黄翔, 王兴兴, 等. 新型蒸发冷却与机械制冷复合式空调试验样机的设计

分析［J］．制冷与空调，2017（5）：10-14.

［18］付作财，安延军．烯烃分离装置中丙烯制冷压缩机运行状况分析［J］．石化技术，2017（5）：222.

［19］李朋，窦甜华．高压与低压制冷系统方案探讨［J］．建筑电气，2017（5）：102-105.

［20］陶丽楠，时振堂，李正茂．绿色数据中心电制冷机组接线方式研究［J］．节能与环保，2017（5）：62-65.

［21］毛方，姜文雍，李芸．公共建筑屋顶太阳能吸收式制冷空调可行性研究［J］．山东工业技术，2017（10）：63+24.

［22］陈光辉，贾校磊．基于H桥驱动电路的半导体制冷片恒温器设计［J］．电子世界，2017（9）：138.

［23］李丹，蔡静．基于半导体制冷片的高精度控温电路系统设计［J］．计测技术，2017（2）：19-21，39.

［24］樊海彬，贾磊，吴俊峰，等．工商制冷空调设备应用R32的标准限定分析［J］．制冷与空调，2017（4）：25-29，42.

［25］林文举，周吉军．声发射技术下氨制冷系统压力容器在线安全检测的探究［J］．中国设备工程，2017（8）：62-63.

［26］庞云凤．半导体制冷工况的综合分析与研究［J］．建筑热能通风空调，2017（4）：10-14.

［27］赵正一，刘俊杰，陈本乾，等．采用制冷主机的换流阀冷却系统研究及设计［J］．自动化应用，2017（4）：53-54.

附录1 常用电气符号

名称	图形符号	名称	图形符号
直流	——	交流	∿
中性线	N	端子	○
可拆卸端子	∅	导线的连接	
双绕组变压器一般符号	形式1　形式2	电感器线圈、绕组、扼流圈	
带磁心（铁心）的电感器		交流电动机	Ⓜ ~
单相笼型异步电动机	Ⓜ 1~	三相笼型异步电动机	Ⓜ 3~
三相绕线转子异步电动机	Ⓜ 3~	热继电器的驱动元件（发热元件）	
三相电路中三极热继电器的驱动元件	3 或	二相电路中二极热继电器的驱动元件	2 或

名称	图形符号	名称	图形符号
热继电器动断（常闭）触点		过电流继电线圈	I >
欠电压继电器线圈	U< 50…80 V 130%	继电器和接触器操作件（线圈）一般符号	形式1 形式2

附录 2　阀门的图形符号

序号	名称		图例
1	截止阀		
2	截止阀		
3	止回阀		
4	安全阀	弹簧式	
		重锤式	
5	减压阀 左侧：低压 右侧：高压		
6	疏水器		

序号	名称	图例
7	碟阀	
8	球阀	
9	电磁阀	
10	角阀	
11	三通阀	
12	四通阀	
13	节流阀	
14	隔膜阀	

附录 3 常用辅助文字符号

序号	符号	中文	英文
1	A	电流	Current
2	A	模拟	Analog
3	AC	交流	Alternating Current
4	A AUT	自动	Automatic
5	ACC	加速	Accelerating
6	ADD	附加	Add
7	ADJ	可调	Adjustability
8	AUX	辅助	Auxiliary
9	ASY	异步	Asynchronizing
10	B BRK	制动	Braking
11	BK	黑	Black
12	BL	蓝	Blue
13	BW	向后	Backward
14	C	控制	Control
15	CW	顺时针	Clockwise
16	CCW	逆时针	Counter Clockwise
17	D	延时（延迟）	Delay
18	D	差动	Differential
19	D	数字	Digital
20	D	降	Down, Lower
21	DC	直流	Direct Current
22	DEC	减	Decrease
23	E	接地	Earthing
24	EM	紧急	Emergency

序号	符号	中文	英文
25	F	快速	Fast
26	FB	反馈	Feedback
27	FW	正，向前	Forword
28	CN	绿	Green
29	H	高	High
30	IN	输入	Input
31	INC	增	Increase
32	IND	感应	Induction
33	L	左	Left
34	L	限制	Limiting
35	L	低	Low
36	LA	闭锁	Latching
37	M	主	Main
38	M	中	Medium
39	M	中间线	Mid-Wise
40	M MAN	手动	Manual
41	N	中性线	Neutral
42	OFF	断开	Open，Off
43	ON	闭合	Close，On
44	OUT	输出	Output
45	P	压力	Pressure
46	P	保护	Protection
47	PE	保护接地	Protective Earthing
48	PEN	保护接地与中性线共用	Protective Earthing Neutral
49	PU	不接地保护	Protective Unearthing
50	R	记录	Recording
51	R	右	Right
52	R	反	Reverse
53	RD	红	Red

序号	符号	中文	英文
54	R RST	复位	Reset
55	AC	备用	Reservation
56	AC	运转	Run
57	AC	信号	Signal
58	AC	启动	Start
59	AC	置位，定位	Setting
60	AC	饱和	Saturate
61	AC	步进	Stepping
62	AC	停止	Stop
63	AC	同步	Synchronizing
64	AC	温度	Temperature
65	AC	时间	Time
66	AC	无噪声（防干扰）接地	Noiseless Earthing
67	AC	真空	Vacuum
68	AC	速度	Velocity
69	AC	电压	Voltage
70	AC	白	White
71	AC	黄	Yellow